U0016316

完勝職場與人生的
12.5堂課與實戰演練

情商致勝

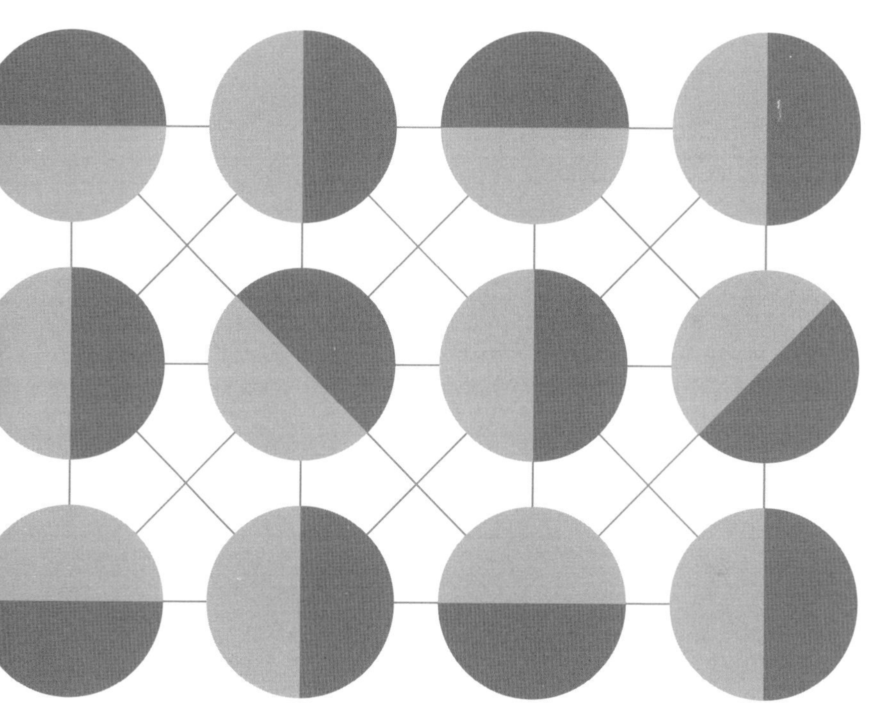

蓋瑞・范納洽 Gary Vaynerchuk ——著　甘鎮隴 ——譯

TWELVE AND A HALF

Leveraging the Emotional Ingredients Necessary for Business Success

獻給每一位有足夠勇氣讓自己成為更好領導者的

創業家、創辦人、高階主管、經理人、員工、母親、父親和哥哥姊姊。

目錄 CONTENTS

第二部 情境篇 091

第三部 練習篇 239

前言

情感軟技能才是職場成功又幸福的關鍵

幾年前，我和一位客戶展開了我這輩子最艱難的一場對話。

那位女士是一家大企業的高層主管，當時和我旗下公司「范納媒體」（VaynerMedia）合作。范納媒體是一家當代創意和媒體機構，而我是公司執行長。那位主管打電話給我，問能不能在曼哈頓中城區跟我見面，想當面跟我談談。

這場談話的起因是，我公司的基層員工不小心透過客戶的推特帳號，誤發一條推文，員工當時以爲登入的是自己的個人帳號。

這條推文內容非常負面，與范納媒體正在與之合作、同樣支持該品牌的另一家公司有關。然而看在世人眼裡，似乎成了該品牌對另一家公司發表貶低之詞。

那場談話的節奏很快。那位主管告訴我，她希望這種事不會再發生，並要求我制訂適當的罰則和管理制度，以確保我能說到做到。

她說：「我們公司認爲，雙方能繼續合作的唯一方法，就是你解雇發布那條推文的人。」

我只花了大約百分之一秒考慮這項提議，就對她說：

「恕難從命。」

我的公司必須由我自己來經營，關於員工的去留必須由我自己判斷。客戶如果覺得有必要，完全可以解雇我們。但這條推文究竟會造成什麼後果，必須由我這個公司領導者承擔。

她對我的答覆大感驚訝。在當時，她的企業品牌業務約占我們公司總收入的百分之三十。

我做好了「會被對方解雇」的心理準備，但在當時，我知道公司的新業務量還算足夠，能度過完全賺不到錢的一年。而且我也有積蓄，如果那年不幸虧損，我願意在必要時動用自己的錢。要是我們能順利撐過這場風暴，這在員工眼裡將成爲明確的指標，表明我們經營公司眞正重視的是什麼。

這場談話之所以有趣，是因爲你必須決定自己要爲了什麼堅守立場。我跟對方約好了第二天在電話上談，我還是堅持同樣的立場。幸運的是，客戶並沒有解雇我們。

我講出這個故事，是因爲現代社會對「智慧商業決策」的定義，幾乎都是透過理性「分析」來進行預測。商業領袖傾向於在「黑白分明」當中找到安全感，像是在學術、數學、硬數據，以及在試算表上看起來順眼的東西。

相較之下，想衡量一個組織的「同理」「善意」和「自知」的三十天、六十天、九十天、三百六十五天甚至七百三十天績效爲何，難度雖然更高，但只要能獲得結果，就能發揮極大效用。

你會發現，只要能消除組織裡的恐懼，就會發生非常美好的事。如果員工不必花時間勾心鬥角、爲了辦公室政治互相殘殺，或許就眞能完成手上任務。我不知道會不會有哪個來自田納西州的六歲女孩發明適用於這套的評分系統，但這遲早會成爲人人能懂的道理，這種程度的常識和人類眞理將發揮作用。

許多決策都是基於「九十天」的數據來進行預測，在大公司更是如此。這種做法來自華爾街和商學院，主管會在每個季度根據你的績效對你進行評估。這能激發個人的短期行爲，雖然大部分的人計畫在未來的五年、十年、二十年甚至五十多年，讓公司繼續營運下去。

不幸的是，對短期指標的偏見，也可能使得「情緒智能」（emotional intelligence）成爲一種「如果有也不錯」的附屬品，而非「必需品」。這也導致職場容易出現以下情境：某個員工讓辦公室其他人感到痛苦時，領導者裝作沒看見，就因爲該名員工爲公司帶來了最多的收入。這也讓人們誤以爲，負面行爲和低情商只是「會做生意」的副作用。

我在一九九〇年代後期進入的商業界，把「黑白分明」的概念供奉在高臺之上。當時的人們還沒意識到，「軟技能」（softskill）可能是讓公司成功的關鍵。我記得當時的主流商業社群都沒有強調這些特質，認爲做生意就是「狗咬狗」，「只有強者才能生存」。

諷刺的是，我**也**相信這一套。但我更相信汲取自己的人性面，才是幫助你生存、繁榮的眞正力量，而**不是**在會議室裡對某人破口大罵，**不是**當個說話咄咄逼人的強硬談判者。時至今日我還是認爲，最堅強的人是能在對手面前表達善意的人。

我在本書描述的十二種情感要素（後面會介紹還有「二分之一個要素」是什麼），是這些年來讓我成功又快樂的特質，也是我觀察到並衷心欽佩的特質：感恩、自知、當責、樂觀、同理、善意、頑強、好奇、耐心、信念、謙遜和野心。「黑白分明」的概念雖然還是不可或缺，但在我看來，遠不如「掌握軟技能」來得重要。

我非常清楚，還有另外十五到五十種情感元素其實都可以編進這本書裡。但這十二種對我來說影響特別深遠，這是因爲我看到其他領導者不懂如何善用，而使身邊的人因此受苦。無論是會議室、晚宴、午餐、公車還是飛機上，都有很多人向我描述這十二種要素是如何被人忽視。人性的可悲處之一，是負面態度總是比正面態度更大聲。而我生活的動力之一，就是把正面的聲音放得更大。我寫這本書有個很大的動機，是想爲這些情感特質歡呼，並放在商業界的聚光燈下。

我最大的挑戰是提取並闡明這有多重要。由於情感元素並非有形之物，沒辦法透過數字試算表來追蹤或評估。事實上，在一九九八年五月，我走進我父親的酒類專賣店時，並不理解它們的重要性。

我父親沉默寡言，但在二〇二〇年的感恩節週末，我開始寫這本書時，他告訴我，我們剛開始一起工作時，他並不相信「公司文化」這回事。他來自蘇聯社會，以爲「恐懼」和「金錢」就是最有效的激勵因子，他就是這樣推動個人職涯。

可是現在呢？現在，他相信「正面的公司文化」比什麼都重要。儘管這種觀念對他來說並非自然而然，他也很難向朋友解釋清楚，但他告訴我，他知道這至關重要。我覺得這件事很有詩意，尤其如果你知道我父親很少跟我說這種事。

這本書對我來說是個宣洩管道，因爲它讓我能做我在社群媒體上做不到的事，畢竟社群媒體的溝通方式既斷續又零碎。我認爲「謙遜」是自己成功的最大原因之一，但你如果看到我在抖音上一支又一支的一分鐘短片裡，用極其堅定的態度長篇大論，你可能心想「這個自以爲無所不知的傢伙，還眞是噁心」。然而，正如你會在本書中發現，你可以表現得既謙虛又好奇，但同時也可以對自己的想法充滿堅定的信念，這並不是「非此即彼」的單選題。

在本書第二部，你將看到我如何把這十二種要素組合成完整的「大餐」，並向你演示，當面臨不同的職場挑戰情境時，可以如何同時運用。例如，當責和信念經常被視爲同理和善意的對立面，因爲前兩項特質往往讓人覺得比較權威有力。而「謙遜vs信念」，「野心vs耐心」，還有「感恩vs當責」也常被視爲彼此對立。這本書將幫助你了解，許多看似對立的成分其實都能攜手合作。

發展出這十二種成分只是「起點」，懂得怎樣拿來「做菜」才是眞正的收穫。就算你自然而然發展出這些情感要素，或是有幸透過人生經驗而學到其中一些，但仍必須知道如何同時使用，最好還能成爲「烹調」它們的「廚師」。

這就像有些時間、地點確實適合吃麥當勞的大麥克漢堡，但我如果計畫爲二十五位嚴格茹素者準備一頓飯，就不會端大麥克上桌。你做的每一道菜，都需要依據服務環境做調配。在每個商務情境中，這十二種特質都需要混合使用。我向來都是這麼做的。

假設你是一家律師事務所的負責人，雇用了從小在貧困家庭長大的職員，他並不懂得與客戶共進晚餐的規則，結果讓公司錯失成交的機會。這時，你必須從「香料架」上拿出感恩和當責：你需要感謝的是，你有機會擁有一家公司，有機會試著得到新客戶；而你表達責任感的方式，是意識到你自己是雇主，卻沒好好培訓你雇用的人。如此一來，其他一切都變得次要。

如果不把「耐心」擺在核心地帶，這十二種要素中的任何一種就都無法發揮效果。你如果要烤餡餅，耐心就是餅皮。人們可能以為「野心」跟「耐心」兩者互相矛盾，但我認為耐心是讓你的野心抱負得以成眞的必經之道。

人們經常因心中的「不安全感」而無法實現抱負。在絕望之下，想在棋盤上求勝，好讓觀眾為他們喝采，因此貪快走了捷徑。這樣的人很難建立有意義的企業，因為他們太專注於賺大錢，熱中買衣服、遊艇和其他華而不實的物質享受，卻沒有培養耐心。

無論你的專業是什麼，投入的工作通常會占據你大部分的時間，所以耐心是能讓野心抱負成眞的實用辦法。「缺乏耐心」是一大弱點，可能導致你做出錯誤決策的機率，比任何其他要素都還要高。

有時候，前來光顧我「葡萄酒文庫」（WineLibrary）網站的買家，與我一起做決定、談交易時，我會注意保持耐心。我必須認知到，爲我們提供葡萄酒貨源的賣家，將成爲未來五十年的合作夥伴。這就是爲什麼我在談葡萄酒生意時，會盡量提高給他們的買價。如果我每次殺價都殺得賣家刀刀見骨，他們就不會和我維持良好關係，以後的合作機會也會更少。

這一點是我在職涯早期從我們一位採購經理身上觀察到的，他是名氣勢強悍的談判者。我觀察我們與葡萄酒供應商的關係時，注意到⑴他們透過提高起價，來回應那位採購經理的強勢談判風格，而且⑵他們開始把葡萄酒賣給其他商家。而我會在談判桌上多放一些錢，不僅得到更多頂級葡萄酒，而且每次談判都處於更好的起點。

無論你是執行長還是經理，你在看著員工成長的同時，也需要耐心。我的許多合作夥伴和雇員，並不是從一開始就在他們最擅長的位子上表現得很好。

最重要的是，你在發展這些情感要素時，要對自己有耐心。有些人如果覺得自己的時間所剩無幾，就會變得焦躁，結果更容易做出錯誤決定。

我在 Netflix 上觀看美國影集《后翼棄兵》時，注意到隨著西洋棋計時器的可用時間越來越少，棋手也會越心煩意亂。我在觀看一些最偉大棋士的對奕影片時，也注意到同樣狀況。當時間成了問題，棋士的肢體語言和決策就會變得焦躁不安。

我相信，大多數人在創業和鞏固事業時，跟時間處得並不是很好。他們誤解了時間，根據「低概率」事件來做決策，像突然被公車撞到似的亂了方寸。他們忘了一件事：隨著預期壽命增加，他們可能會活到九十甚至一百歲。耐心讓我不再滿腦子想著做過的糟糕交易。耐心使我願意在家族企業工作，就算賺到的錢遠低於在其他地方能賺進的收入。耐心讓我在微觀和宏觀上各退一步，而不會因爲氣餒而進退兩難。

我總是認爲自己還有很多時間得以大展身手。不論這是不是事實，我都因爲這種信念而覺得每一天都過得很幸福。

我的情商槓桿「二分之一」：善良的坦率

耐心和野心、感恩和當責、同理和信念……我在混合這些情感要素時會試著拿捏分量，努力平衡「與人爲善」和「做人坦率」之間的比例。我意識到，缺乏坦率的善意，使我的組織內部產生一種錯覺。我只是一次又一次給予正面鼓勵，但沒提供批評性反饋，才會導致這樣的結果。

我對於「與人起正面衝突」這回事會發自內心反抗，所以在職涯大部分的時間裡，都很不善於提供批評性反饋。當了二十四年的經營者後，我非常難過，因爲有些人對我感覺不好，就因爲我對待他們的方式不夠坦率。像是我解雇他們時，沒有提供足夠的反饋意見，不然就是我創造出一些情況迫使他們辭職。

我當時看不出坦率的美感以及隱藏其中的人性。我沒意識到坦率其實就是善良。想到許多時候，如果我夠坦率，就能讓成功更上一層樓。我在生活和事業上所有的不愉快，都是因爲在必要時無法做出「善良的坦率」，所以我稱之爲「二分之一」，因爲這是我的不足之處。又，之所以說是「二分之一」，是因爲任何人在任何一件事上都不會是零分。不論你覺得自己有多糟，只要意識到自己的弱點或不足，就已算是開始改善目前不夠成熟的技能。

我的二分之一說服我相信另外十二種情感要素有多重要。我知道自己不擅長「善良的坦率」，至少在「做出一頓大餐」的層面上能力還不夠，而這讓我意識到，只要缺乏這十二個當中的任何一個，其實都會造成傷害。不但會限制你的發展，還會盡顯你的弱點。

閱讀這本書時，我不希望你在發現自己的不足時感到沮喪。我反而希望你感到興奮，因爲隨著你在不足的情感成分上進步，就會有更多好事發生。你可能會意識到，之所以不快樂，是因爲沒能給予他人足夠的善意。你可能會開始理解自己爲什麼對實習生大吼大叫，發現自己在工作上自私自利的原因。你可能會了解到自己並不「完整」。就我個人而言，我很慶幸能在「善良的坦率」方面做出改善，這會給予另外十二種成分非常重大的補給能量。

大多數企業的增長潛力受限於領導者的情緒智能。同樣的道理，也適用於運動團隊、家庭和主權國家。任何有孩子的人，就是領導者。任何有弟弟妹妹的人，就是領導者。任何有寵物的人，就是領導者。任何需要擔負管理責任的人，哪怕只管理一個人，就是領導者。

這本書將幫助你提煉你的情感成分，並改善領導力。你的菜色品質，取決於你的情感成分品質，還有組合調配的方式。

十二種情感成分都很重要。如果任何一項的重要性低於另一種，這道菜就不會好吃。魚和鹽巴哪個更重要？烤蛋糕時，麵粉和雞蛋哪個更重要？答案永遠是「兩者都很重要」。它們具有同樣的價值，但在不同情況下必須按不同比例運用。你在生活中度過每分每秒時，需要在不同時間添加不同成分。

我就是因爲熟悉了這十二項情感要素而獲致巨大成功。而之所以沒能把每道菜都做到盡善盡美，是因爲還缺少善良的坦率。

本書架構

你從第一部開始閱讀時，會看到我如何定義每一項情感成分，並解釋這將如何影響你的職涯和人生。

我想強調的關鍵概念，也可能是本書中最重要的一句話：**當你眞正了解「做生意」在整體人生中有多麼不重要，你才會享受做生意，也才有可能改善做生意的能力**。人們認爲我是企業家和商人，但如果我能被寫成一本書、供他們閱讀，我想大多數人會驚訝地發現，我其實非常不在乎生意。

你在進入下一頁之前需要知道的是，你如果把人生看得比事業成功更重要，遊戲就會變得容易許多，而且樂趣十足。你如果把快樂擺在比金錢、股票和大眾的目光更前面，你的日常工作從長遠來看就會變得更能永續。我認爲一些事業成功的企業家、經理人和創辦人，有時正是因爲沒有運用這些情感成分而筋疲力盡、熱忱枯竭。

在第二部，我將帶你瀏覽各種現實生活情境，以展示如何混用這些情感成分。你也有機會反思自己在職涯中遇到挑戰時的反應，並透過這本書裡學到的知識而採取不同於以往的行動。

在第三部，我會提供現實生活中的練習，來幫助你發展每一項成分，包括善良的坦率。這些演練將增強你對個人優勢的信念，並幫助你找出內在的不安全感，發現你的不足之處，並在這些領域上有所成長。想獲得完整的補充資源，請訪問我的英文網站：garyvee.com/twelveandahalfbook。

理解以上觀點其實簡單到令人震驚。我認爲做生意是門藝術，如果執行得當，做生意也能像交響樂或繪畫一樣優美。

想讓你的職涯與事業在社會上占有一席之地，就必須意識到這本書中的「十二又二分之一個」情感成分能如何成爲事業成功的催化劑。

第一部

情商篇

感恩

感恩是指懂得感激，樂於表示感謝並回報善意。[1]

如果有一份名單，依據整體成功和幸福來對地球上每個人進行排名（從第一名到第七十七億名），你認爲你會排在哪裡？

在這裡寫下你的答案：我是七十七億人當中的第＿＿＿＿名。

寫下你的數字了嗎？好極了。

根據世界衛生組織的統計資料顯示，全球有七億八千五百萬人缺乏基本的飲用水服務。[2]這個人數占全球人口的百分之十左右，甚至還有兩百萬名美國人無法獲得安全的飲用水或基本的下水道設備。[3]

你每天都有充足的食物嗎？

在二〇一八年，世上有超過八億兩千萬人飽受營養不良之苦。[4]

不論你多討厭你的工作，你是否有一點點潛力或能力可以找到另一份工作？全球奴隸制指數（GlobalSlaveryIndex）指出，全世界有四千零三百萬人置身於現代奴役制度，[5] **根本**沒辦法辭職。

你家有沒有像樣的馬桶？世上大約百分之六十五的人（也就是四十五億人）沒有能妥善處理人類排泄物的廁所。[6]

你家有沒有高速網路？大約三十億人根本沒能上網。[7] 甚至有兩千一百萬美國人沒有寬頻網路。[8]

而且我們還沒談到收入。根據CNN的達沃斯全球工資統計在二〇一七年提出的數據，經過調整後的全球平均年收入是兩萬零三百二十八美元。[9] 俄國的平均年收入是五千四百五十七美元，巴西是四千六百五十九美元，印度是一千六百六十六美元，非洲的馬拉威是一千一百四十九美元。

很顯然的，有太多變數會影響你在七十七億人當中的確切排名。然而，我之所以向你拋出這些數據，是希望你了解，在你的生活圈之外的世界究竟是什麼狀況。

客觀視角和感恩之心對我來說至關重要。我是出生在曾隸屬蘇聯的白俄羅斯，所以非常明白有些人的日子過得有多慘。事實上，如果不是因爲以下事件，我可能根本無法離開當地：

一九七〇年，十六個俄羅斯人密謀劫持一架小型飛機。這批人假裝要參加婚禮，但暗地裡計畫搭乘劫持而來的飛機前往瑞典，離開蘇聯。他們最終的目標是抵達以色列。但這項計畫沒能成功，這些參與者因叛國罪而被捕入獄。

然而，該事件引發了全球對冷戰期間人權問題的關注。美國媒體報導了劫機計畫，這也改變了政治風氣。由於持續升高的關注和壓力，蘇聯當局終於放寬規定，最終對更多的猶太人放行。

我認爲就是那十六人改變了我的人生走向。

「運氣」是個有趣的詞彙。我應該會把我的成功大多歸功於頑強、野心和其他情感成分，而不是運氣，但我能在年輕時逃離蘇聯，這肯定跟運氣有關。

人們之所以不了解世上正在發生的一些事情的眞相，是因爲他們所在的社群太過孤立。許多人把「賺到第一桶金」視爲成功「門檻」。很多二十幾歲的人，試著在邁入三十大關之前「獲得成功」。你如果是住在洛杉磯的公寓，或住在康乃狄克州格林威治鎮的房子，會很難想像非洲所有婦女每天要花總計兩億小時出門打水。[10]人們通常仰望那些排在自己前面的人，而不會往後看看幾十億個落在自己後面的人。

你如果在第一世界的國家擁有自己的事業與生意，就已經過著非凡的生活。我認為大多數企業家都沒意識到自己多麼幸運。就算做生意再辛苦、艱難，就算有時不順心，但別忘了，世上有超過一半的人連像樣的廁所都沒有。

你如果懂得客觀看待事物，為自己的目標設定的時間表自然會改變。我寫這篇文章時，美國人的預期壽命大約是七十九歲。這個數據在一九三〇年是五十八歲，在一八八〇年是三十九歲。[11]

一八八〇年看似很久以前的事，但其實沒那麼遙遠。任何一個在二〇二一年九十一歲的祖父母輩，大概就有個在三十九歲左右離世的家人。你如果活在那個時代，當然必須在三十歲前弄清楚自己的人生，因為你再過九年就會嗝屁！

就算在一九三〇年，平均預期壽命也只有五十八歲。當時的人活到三十歲時，人生已經過完一半。

隨著預期壽命增加，我們的目標時間表不也該跟著增加？即使年少無知個幾年，應該也不會怎樣吧？

隨著現代醫學的進步，我相信你們當中很多人都會活到九十甚至一百歲。如果你現在二十七歲，工作五年之後討厭你的工作，那現在退後一步、另外找份工作也沒關係。如果你三十三歲，在一個你並不熱中的領域裡獲得學位，但決定從頭開始建立自己的事業，那也不算「太晚」，你其實是幸運兒當中的幸運兒。因爲統計數字在在表明，你應該還有六十年可以玩。不管昨天或之前的每一天發生什麼事，前方還有很多時間在等著你。

你可以反省並坦然面對自己的失誤，但不要耿耿於懷。很多人爲十三年前發生的事深深自責，像是一樁沒能成功的合夥事業、一家失敗的新創公司，或是一個討人厭的老闆，結果這成了監禁自己的牢獄。但你還有大好未來，所以「執著於過去」無異於自己跳進泥淖裡。我如果掉進一片泥漿中，會抓起我的「感恩水管」把自己沖乾淨。

我對自己在職涯上遭遇過的重大挫折，大概只會花一個小時深省。如果是非常沉重的打擊，大概花上一天時間。我怎麼可以爲一件小事心煩那麼久？我正在進行重要的人生使命，正在做我要做的事，當然偶爾會輸一把。這就像在籃球比賽輸掉了季後賽。這種事總是會發生。面對失望時，我就是透過感恩來避免耿耿於懷。

說起來，既然提到「耿耿於懷」這回事，我需要一些幫助：請寄信到gratitude@veefriends.com，標題爲「耿耿於懷的價值」，因爲我需要知道它究竟有什麼價值。

我說的不是「哀悼」逝去的價值，不是指你不該給自己時間悼念。我只是認爲，我們應該爲人們的離世哀悼，而不是爲了糟糕的商業決策耿耿於懷。糾結於此有什麼價值？爲了一個糟糕的結果自責數週、數月或數年，這怎麼可能對你的人生有建設性？

我懂。蘇珊在大學時期傷透了你的心，可是那已經結束了。她現在四十七歲，有三個子女。

我想在這本書中提出的重要觀點之一，是跟「負面的情感成分」相比，「正面的情感成分」能提供更爲永續的燃料。你如果從「感恩」中汲取能量，會發現跟透過不安全感、憤怒或失望獲得的能量相比，感恩提供的能量能持續更久。

我明白爲什麼人們喜歡把「黑暗面」當成能量。我喜歡當敗犬，也喜歡耿耿於懷，不然你以爲我爲何一直是紐約尼克籃球隊和紐約噴射機美式足球隊的球迷？因爲我喜歡輸，輸會讓我有動力。但跟黑暗相比，光明更能激勵我前進。拿捏這當中的平衡很重要。

憤怒能賜予你短期的能量提升，不論是對自己還是對他人的怒氣，一旦憤怒之心獲得滿足，你往往會發現，憤怒並沒有想像中那麼有用。很多人因爲被父母懷疑自己的能力而想「證明爸媽是錯的」，但他們做出這種報復行爲時，情況已經不一樣了。像是父母已經不在你身邊，或是他們變得心軟。不安全感和憤怒可以成爲成功的巨大動力，但我不認爲會帶來幸福感。

憤怒和怨恨是非常沉重的情感成分，感恩則會讓人輕盈許多。

令我納悶的是，人們認爲感恩會讓人自滿。但別忘了，「自滿」（complacent）和「感恩」（grateful）是兩個不一樣的字。自滿的定義是「對自己或自己的成就產生得意洋洋或欠缺考量的滿足感」。[12]這兩者的意思並不同。

例如，我可以把我的「感恩」和「我對一筆交易抽成比例的要求」分開看待。如果我的要求沒獲得滿足，我知道自己能控制要不要簽下這份交易合約。你如果是上班族，同樣的道理也適用在你身上：你可以慶幸自己有一份工作，但如果連續三年為公司取得成果卻無法加薪，那你可以換一份工作，而不是為此天天生悶氣。

正如你將在本書第二部看到的，你可以既感恩又懷有野心抱負，也可以既感恩又頑強。這些特質並不是非此即彼。

你在社群媒體上看到我的時候，我的能量與笑容從何而來？來自感恩。如果我在早上醒來，我愛的人們都沒死、沒患上絕症，那麼我的這一天就開始得很順利。如果身邊的人們一切平安，我就心情很好，我贏了。除此之外，沒有什麼事能讓我由衷感到困擾。

如果你真的對擁有的東西覺得感激，而不是嫉妒別人擁有你沒有的，你在事業上就能成為主導的力量，更重要的是在人生當中也是如此。

自知

清楚地了解自己的性格、感受、動機和欲望。[13]

如果要我說，除了「希望每個人身體健康」之外，對社會還有什麼期許的話，那就是我希望能發明一種新藥，幫助大家發展情緒成分。我如果是美國食品藥物管理局的局長，會把「自知」列爲優先項目。

「自知」最早引起我的注意，是流行文化在二〇一一年到二〇一三年間對「企業家精神」大肆渲染的時候。看到一些學生和經理成爲新創公司創辦人時，我很震驚，心想他們爲什麼沒意識到自己毫無勝算？他們爲什麼想當頭號人物（公司ＣＥＯ）？他們爲什麼沒意識到自己更適合成爲組織中的二號、三號或二十七號人物？他們難道沒意識到，之所以做出這種大躍進，只是因爲覺得這很酷，而不是出自他們的使命？

基於很多原因，人會試著成爲不適合自己的角色，有時候只是因爲「妄想」（我說這句話不是懷著憤怒，而是同理）。有妄想症的人，不了解自己的長處和短處。

但我驚訝的是，他們當中很多人並沒有妄想症，而是非常了解自己。他們其實知道自己沒有機會，所以透過CEO之類的職位來撐起門面，過度補償內心的不安全感。他們寧願把「企業家」一詞放在自己的IG簡介裡，好在世人眼中顯得成就非凡，也不想激發自己的優勢和熱忱，建立永續長久的幸福。

許多現代人夢想成爲企業家，這就像一九五七年的人，夢想成爲太空人和飛行員，一九七五年的人，夢想成爲搖滾明星一樣。

「自知」跟「自愛」（self-love）和「自我接納」（self-acceptance）有著密切關係。我在這一刻意識到，「自知」是一回事，對自己的鏡中倒影說「喂，你很不擅長某件事」是另一回事。這不等於你對自己說「我是個一無是處的人」，而是承認你有弱點。

不安全感常會導致「逃避」。人們通常傾向於逃避自己的缺點。

你如果對自己說「我不擅長做生意」，這並不表示永遠無法擁有令你覺得充實的成功職涯。也許你可以建立個人品牌，成爲充滿影響力的網路紅人（influencer）。又或許你能以高階主管身分發揮影響力。也許你不擅長經營企業，是因爲你不喜歡管理員工，那可以找個跟你能力互補的合作夥伴。

你如果完全接受自己眞實的模樣，就不會再害怕別人怎麼看你。在社群媒體和現實生活中，人們感到格格不入時，常會覺得不自在，感到自己矮人一截，不然就是試著隱藏的不安全感會時不時顯露出來。對我而言，自知和謙遜的組合，是我喜歡和人們相處的原因。任何人都嚇不了我。

因此，我覺得沒必要把自己的野心當成拐杖，去爭取其他人認可。自我接納能幫助一個人「接受」而非「逃避」自知。

對很多人來說，只要多一點自知之明，就能幫助自己在工作上更有安全感。除了高階職位帶來的經濟利益之外，也和「追求頭銜」跟「在乎組織裡其他人對你有何看法」兩者之間百分之百有關。對我來說，在我參與的許多公司組織中，職位頭銜的重要性都很低。我眞正在乎的，是幫我與之互動的每個人帶來的價值。

但說眞的，你如果計畫進另一家公司，你的職位確實會成爲重要的自我推銷要點。我公司的人跟我見面，希望我提供一個我無法提供的頭銜時，我經常告訴他們，等他們想出去找工作時再來找我，我到時會給他們高兩階的頭銜，好讓他們在「領英」（LinkedIn）上的經歷看起來光彩奪目。

可是在組織內部？你如果過於在意職位，就很容易擔心別人的看法。

如今回想起來，我發現我一直是很有自知之明的人，甚至在年輕時就是如此。我早就知道自己是生意人，純種的企業家。我在六年級就靠著做買賣賺了一千美元，當時我就知道，就算在學校成績不及格，也能活得下去。我不只是「自認爲有生意頭腦」的商人而已，我也得到了市場的肯定。

我當時已經是企業家，就算「企業家」這三個字在十年後聽起來不再酷炫，我也依然是企業家。

自信會讓人更容易做到自知。我願意認眞照照鏡子，承認生活上所有的問題。我願意把「我是誰」跟「我希望自己能成爲什麼樣的人」分開，這對那些沒有安全感的人來說卻是一大挑戰。

承認自己有何弱點的最大好處，就是你接下來能懂得避開。例如，我沒有美化辦公環境、在牆上掛一幅畫這類的工作態度，因爲我不喜歡這麼做，所以我會請別人代勞。

但我確實很符合每天花十五個小時經營事業的工作態度，因爲我喜歡做生意。

我沒辦法閱讀冗長的文字或電子郵件，所以會跟團隊進行五到十五分鐘的簡短會議。我不會對自己說「糟糕，我得找個家教」。與其把閱讀能力從「很糟」改善到「還行」，我寧可花時間把自己的長處從「很棒」提升到「超讚」，而這就需要自我接納和自愛。

話雖如此，我認爲人還是必須適度改善自己的弱點，至少到不會帶給別人麻煩的程度。

你需要擁有足夠的基本能力。像是我「善良的坦率」太過貧弱，結果爲一些現任和前任員工造成了問題，所以我不得不改善。但我不會過分強調問題所在，因爲一般人只想著改善自己的弱點，而不是繼續提升自己的長處。是的，我想彌補我的弱點，但我更感興趣的是如何把自身優勢提升到月球那樣的高度。

你可能沒辦法像我揚棄學校教育那樣徹底拋開自己的弱點，而需要把自己的能力提升到可接受的基線。然而，若想從「可接受」更進一步提升到「良好」，通常需要太多努力，而且榨出來的果汁常常不值得榨汁的辛勞。我希望你在自己天生擅長的事情上加倍努力。諷刺的是，你會發現這麼做其實更有效地彌補了你的弱點，而不是試著把弱點變成優勢。換言之，由於「時間影響」的套利，你如果把自己的優勢提升三倍，淨業務成果就會更大。

我確實需要把「善良的坦率」提升到可接受的水準，但我知道自己永遠不會是這方面的模範生，無法提升到在同理他人這方面的情感技能一樣厲害，永遠不可能。

如果在這一刻，你停止閱讀這本書，並開始產生想透過其他老師和途徑來學習更多關於自我發現的興趣，那麼這本書就是我寫過最好的一本。我就是這麼看重自知。

當責

願意為一件事負責：責任心。14

人們總是習慣把責任從自己身上推到別人那裡，並大大地誤解「逃避責任」就能帶來快樂，但實際上恰恰相反。

「我拿的酬勞不夠多，這都是老闆的錯。」

「莎莉搞砸了我的專案。」

「是瑞克不願意溝通。」

「市場偏偏在我們發表產品的前一天崩盤。」

「這個嘛，要不是客戶有那麼多要求……」

你責怪別人時，就等於向自己承認事情不再受你控制。你等於把掌控權交給了被你指指點點的人，你成了所在處境的受害者。

與其把食指對準別人，不如把拇指對準自己。

「我需要向老闆要求調薪，不然就找份新工作。」

「我必須擬好架構，以便將來和莎莉合作。」

「我需要和瑞克安排簡短會議。」

「要不是我一直在尋找淘金時機（或是如果我更快採取行動），這件事就不會發生。」

「我如果在客户面前更坦率，就不會處於這種困境。」

我認爲當責就像煞車，能阻止因爲指責他人而產生的痛苦慣性作用。如果你的商業夥伴害慘了你，讓你陷入指責的黑暗漩渦，當責能助你脫離困境。如果兩個人吵架，而其中一人朝負起責任邁出一步，你會發現整個談話方向立刻轉變。

我無論面臨什麼樣的挑戰，都必須接受以下事實：我做出了決定，使我陷入某種處境。即使我當初就決定在這一刻之前無視這種情況，也需要爲此負責。明白「生活中每個問題都是自己的錯」，這種認知能讓我覺得非常平靜又自在。知道沒有其他人能控制我的人生，這讓我很興奮。如果問題是我造成的，我就有能力修復它。如果問題不是我造成的，即使超過我的控制，或是偶然發生，我還是能決定如何因應。

對大多數人而言，當責是最具挑戰性的情感成分，因爲他們的自尊是建立在自己行爲的結果之上。你如果對自己不友善，或對未來不樂觀，就會很難接受指責；你如果接受指責，就會非常容易受別人的判斷影響。

人會害怕別人的指正意見，而因此爲自己犯下的錯誤形成一道自我防禦機制。這看起來像是解決之道，但其實是逃避問題。

我喜歡爲人們歡呼，我會表達對他們的欣賞態度，但不會覺得其他人比我更好，我也不覺得自己比他們更好。你如果不高估自己的意見，就不會高估別人的意見。責任感能釋放你的心靈。向全世界說「這是我的錯」是很容易的，因爲沒有任何人的言論能影響我的自尊。

你也許能透過推卸責任來騙過某些人，但騙不了那些情緒智能比你高的人。高情商的人，通常是最受人們喜歡或最成功的人，而你如果不能和那群人一起獲得勝利，那眞的很糟。

而他們能一眼看出你在推卸責任。不幸的是，許多人寧願欺騙其他情緒智能較爲脆弱的人，寧可跟那些想證明自己高人一等或心懷恐懼的人在一起。

我其實能理解人們爲何逃避責任，因爲我有很長一段時間也在逃避「善良的坦率」和與人起正面衝突的場面。但我太能同理這種心態，太常把其他人的弱點或錯誤的責任往自己身上攬，結果一些員工因此沒意識到還有改進的空間。逃避「善良的坦率」，總是讓我陷入自己不想糾結其中的困境。簡單來說，我逃避了衝突場面，但在經營范納媒體和葡萄酒文庫的二十多年間，有些員工離職，是因爲我在他們「能如何成長」這方面，沒有提供適當的回饋與建議。

我一再了解到，領導者需要把善良的坦率跟當責結合起來。如果太有責任感，反而會讓管理階層和員工覺得自己本該享有特殊的對待，或反而責怪起你來，對你有所埋怨。或許善良的坦率能讓你更容易接受應負的責任，而這也意味著不必被動承接所有的責任。

如果你和商業夥伴發生摩擦，可以承擔責任，認爲是你把自己放在那個位置上，但在必要時，你還是要向對方提出反饋。你兩者都能做到。

當然，在商場上，「財務狀態是否穩定」是更容易被問責的重要變數。這就是爲什麼節省開支總是至關重要。

在練習當責的過程中，我鼓勵你對自己提出以下重要問題：**你能否明天就辭職？**

很多人都做不到。如果你是二十二歲，剛畢業，沒負債，這是一回事；但你開始承擔其他責任時，其他人就會被牽連。就算你覺得自己可以住在一間簡陋的小房子裡，但你可能有孩子，他們每個人都需要自己的空間以便學習與生活。你可能有配偶，而對方想要不同的生活方式。

你是否覺得被困住了？如果是這樣，承擔責任的一個好開始，就是審查你的個人開支，看能在哪方面省錢。現在越來越多公司能接受遠距工作，那你能不能搬去離辦公室一小時的地方住，以節省房租？你能不能賣掉一些已經不再使用的東西？

隨著年齡增長，我意識到有很多快樂是來自「能掌控自己的人生」。財務控制只是其一。如果是運用十二又二分之一的情感成分，能否掌控也是一大重點。

你如果眞正覺得一切都在自己的掌控之中，就不會害怕結果。你如果有積蓄，就會覺得安全，因爲你能照顧自己。如果你還在爲那種安全感而努力，那麼另一項事實能讓你感到安心：你總是能再找到下一份工作。機會總是有的。這個世界有著豐富的機會，而且你坐在駕駛座上。

人們日常面臨的焦慮大多來自於無助感。當責應該能幫忙你扭轉這點。

我很希望這本書的書名叫做「十三」，可惜事與願違，命名爲「十二又二分之一」，是因爲我還在努力改善「善良的坦率」。你如果知道當責是自己尚待努力的部分，那希望你現在就開始改善。

樂觀

對未來或某事的結果充滿希望和信心。[15]

二〇二〇年十二月十三日，我在IG上發布一支影片，是一隻鹿在海灘上蹦蹦跳跳。我給該影片下的標題是：「我只希望你跟這隻小鹿一樣快樂……就這樣。」

你如果想看看那支影片，請造訪 garyvee.com/fthelion。

有人在那支影片底下留言：「等獅子來就知道了。」

我的答覆是：「可是那隻小鹿會變得聰明，而且避開獅子。太多人因爲害怕獅子的想法，而沒意識到自己其實有能力避開！獅子去吃屎吧！」

「樂觀」這個詞彙在某些方面引發爭議。有些人以爲這跟「妄想」（delusion）是一樣的。有相當多的人（可能包括留下那句「等獅子來就知道了」的使用者）認爲，樂觀只會引來失望和失落。心中充滿恐懼和傷痛的人害怕樂觀，是因爲他們不想失望，所以把樂觀和「天眞」（naivete）混爲一談。

請花點時間重新閱讀本段開頭的定義。

相較之下，妄想的定義是：「對客觀現實的錯誤信念或判斷，就算明明有無可辯駁的反證存在。」[16]

有沒有注意到這兩者的不同之處？

樂觀的相反詞是悲觀。悲觀的定義如下：「傾向於看到事物最壞的一面，或相信最壞的情況會發生；對未來缺乏希望或信心。」[17]

「對未來抱持希望和信心，你就更可能達到想要的結果」——你覺得這種說法是否合理？我覺得合理。更重要的是，跟那些讓人生變得無比複雜的無數變數相比，你更能掌控的是自己的觀點。

追根究柢，選擇樂觀而非悲觀是非常務實的，絕非妄想，並不等於對事業或人生中的不利因素，抱持天眞或視而不見的態度。

事實上，我比大多數人更清楚哪裡可能出錯，但我只是相信自己有能力應付任何挑戰。舉例來說，如果你認爲經營事業會帶來眞正的快樂，我不會騙你說做生意很容易。然而，我很高興你有機會能試一試。你的祖父當年可沒辦法用手邊的智慧型手機輕鬆創辦公司。感恩心態能助長樂觀心態。你知不知道自己有多幸運？

樂觀心態會爲你的下一次擊球感到興奮，但也承認你不一定能轟出全壘打。

如果這對你來說很困難，可以問問自己，如果事情沒能按計畫進行，你的防禦機制是什麼？你是否立刻責怪他人、大發雷霆？你是否缺乏責任感？你是否把自負（ego）當成擋箭牌？你會不會鑽進洞裡去，因爲對過去耿耿於懷、自責不已？你的自尊是否完全受其他人的看法影響？

還是你會扛起責任？你會不會運用感恩來避免自己沉湎於過去？在事業或職涯之外，你對人生有沒有客觀看法？你是否對自己友善？

其他情感成分能幫你更有效地應對損失，所以你不會經常感到失望。你如果知道自己不會失望，自然會產生樂觀心態。

重新連接你的情感迴路需要點時間。首先該做的是跟樂觀的人作伴，盡量減少和那些在精神上拖累你的人互動。每一天的每一個小時，都透過正面的Podcast節目和影片讓耳裡充滿正能量。

經常遭受壓迫的群體，往往會從其他有著相似經歷但獲得成功的人士身上感染到樂觀心態。這就是「代表人物」（representation）如此重要的原因之一。

如果電視上出現一個有著猶太姓氏的人，我的爺爺奶奶一定會指著電視說：

「哇，居然有猶太人上電視！」

他們原本生活在蘇聯的壓迫之下。我當時不明白他們爲什麼有這種反應，但後來明白他們爲什麼看到長相跟他們相似的人獲得成功，就會興奮不已，因爲這給了他們希望。

我認爲樂觀是種地圖，能幫助我看見目的地。這就是我「重視過程而非結果」的諸多原因之一。和悲觀相比，樂觀讓人生旅途變得更加有趣。我在「實現目標」這方面如果充滿希望和信心，早上醒來時就能懷著興奮的心情繼續玩《人生Online》遊戲。和「在遊戲中獲勝」相比，樂觀心態能讓「玩遊戲」更充滿樂趣。

我嘴上說有朝一日想買下紐約噴射機美式足球隊，但我希望你明白我其實多麼不在乎這件事。當然，這如果能成眞，確實很神奇，但如果沒能成眞，我也一樣覺得自在。

眞正會讓我不自在的，是連試都不肯試。

這就是爲什麼我相信「樂觀」是「頑強」的完美隊友。你如果覺得沒辦法實現想實現的目標，又怎麼可能堅持下去？怎麼可能做出必要的努力？更重要的是，你一旦取得成功，又能如何保持成功？

如果我在爬山，而且我告訴自己沒辦法爬到山頂，那麼堅持下去就沒那麼有趣了。但我如果相信爬得上去，就會眞正享受攀登的過程，即使潑冷水的人說我做不到也不在意。但我承認，就像《星際大戰》裡的黑武士達斯．維達那樣，你可以用悲觀和頑強來達到目標，但並非長久之計。你如果相信能獲得正面結果，而且將樂觀和頑強搭配使用，就更可能獲得成功，而且這份成功更可能恆久持續。

同理

能夠理解和分享他人的感受。[18]

我先說一些人可能已經知道的一件事。

我把我的葡萄酒生意命名爲「同理葡萄酒」（Empathy Wines），在二〇一九年賣給了星座集團，但它在我心中永遠有著特殊地位。

我每次聽到「同理」一詞，讀到它的定義，就有所感慨。同理是一種強大的情感成分，加速我在事業和生活上的成功。

就是因爲同理，我很早就把畢生積蓄投資在臉書和推特上。就是因爲同理，我看好NFT的未來；NFT是「非同質化代幣」（non-fungible token），獨特的數位資產存在於各式各樣的行業，像是數位藝術、虛擬房地產，還有收藏品。就是因爲同理，我知道加密龐克（CryptoPunks）會越來越受歡迎，而且甘納

（Gunna）和 DaBaby 之類的饒舌歌手會大紅大紫。就是因爲同理，當很多人以爲「資訊高速公路」只是流行語時，我已經知道網際網路會改變我父親的生意。

在我接下來的幾十年職涯裡，會繼續運用同理。最終，我相信自己在人們眼裡，是一個對「人類行爲」有著敏銳感受力的人。

同理就是我的雷達。

它和「好奇」是天生一對，這點我會在後面章節詳細解說。我就是透過好奇心而了解 NFT。透過同理，我憑直覺認爲 NFT 會成爲未來生活的重要部分。我對 NFT 的感覺，跟二〇〇五年早期 Web 2.0 時代的感覺是一樣的。

我對坐在會議桌對面的個體有同理心，但我對群眾也有同理心。對我來說，判斷身邊人有何感受很容易，正如我能很容易地判斷你在閱讀這本書時有何感受。對我來說，一個幾乎令我不知所措的瘋狂事實，就是我能感受到你們所有人，以及每個人不同的細微差別、觀點和背景。這項能力讓我能更完整的溝通。

你如果有同理心，就會明白人們爲什麼會按某種方式行事。

這就是爲什麼我對那些在我文章底下發表仇恨評論的人表示同情，而不是覺得憤怒或沮喪。如果有人花時間造訪我的社群媒體帳戶，看了內容，然後留下負評說我很爛，這其實反映了他們是什麼樣的人。他們內心痛苦，所以也想拖我下水。

有人對我發表的一段內容留下如此評論：「蓋瑞，這太扯了，你並沒有那麼特別。」

我回覆他：「我媽不是這麼說的。」

我看了那位使用者的帳戶，補充道：「你的攝影技巧很棒。」

我用同理和善意來回敬仇恨言論，是因爲我知道「表達同理」需要更大的力量。一般人以爲那些帶著消極和攻擊性的人會在互動上占優勢，但我知道剛好相反。

如果我在一個慣老闆的公司工作，會立即採用同理。在外人眼裡，這個老闆好像是贏家，而且可能會讓天眞的旁觀者以爲，想獲得成功就必須踩在別人的屍體上。但這個老闆可能因爲性格憤世嫉俗，也可能因爲缺乏安全感，回家會偷偷嗑藥或酗酒來逃避心魔，不然就是痛恨自己的父母，痛恨全世界。

對我來說，應付這類情境非常容易。我爲這個老闆感到難過。這個人置身於如此強烈的痛苦，我怎麼可能不難過？

同理這個成分，能爲考卷提供答案。你如果能感應到他人的感受，就能培養出一種「操控人心」的非凡能力。我認爲這才是最強大的超能力。你可以用這種能力來製造大屠殺，也能用來改善世界，正如我試圖透過這本書達到的目的。我正在試著鼓勵你變得更快樂，方法則是發展出事業成功所需的情感成分。事實上，這麼做的用意不僅僅是幫助你在事業上獲得成功。因爲這個世界迫切需要同理。

然而，擁有同理心是一回事，運用同理的能力又是另一回事。

有些母親、父親、執行長、經理、領導和最高層，擁有最高層次的同理，但他們本身缺乏安全感，所以在運用同理心時有所保留。

一位母親可能直覺認爲自己的小女兒有創業抱負，但她們可能生活在德州的偏遠地區，而在那裡，啦啦隊和選美就是學校生活的一切。母親知道女兒對這兩者不感興趣，但如果她自己缺乏自尊心，就可能下意識地強迫女兒成爲啦啦隊長，以免遭受到其他媽媽異樣的眼光。你如果缺乏自知（透過相關的自我接納和自愛），那麼同理就可能是你的不足之處。你的不安全感會像船錨一樣拖住自己，讓你無法眞正爲其他人帶來價値。

在商業環境中，我運用同理心的最大挑戰，是在「給予同理」和「讓別人獨立學習」之間取得平衡。我團隊裡有兩名員工在上週起了衝突。我知道該情況的答案，也知道他們每個人原本應該怎麼做，但我是否該告訴他們？兩名員工都有急需學習的課程，但我是否該嚴厲地直接把話說清楚？

我如果這麼做，他們可能會變成恐懼導向的人。又或許，我可能只是暫時給他們貼上了無法產生長期效果的ＯＫ繃。他們可能還是需要靠自己來獲得以上認知。但如果我不提供反饋，也可能在公司裡引發特權感。我將在第二部探討眞實的商業情境，而我總是試著判斷該在什麼時候並且用什麼方式提供反饋。

同理就像在商業和人生中使用作弊程式。我眞的認爲，同理讓另外十一又二分之一個情感成分變得更好用。你如果能感受到其他人的感受，就能處理任何狀況。

善意

友善、大方又體貼。[19]

在葡萄酒文庫團隊裡，曾經有個和我很親近的員工，偷走了價值二十五萬美元的酒。

換作你是管理者，會怎麼做？

人們認爲該施展善意的對象，是讓他們感到失望、受傷、不安或處於危險境地的人。對我來說，施展善意的定義是善待那些讓我陷入困境的人。有一些事業夥伴在生意上惡整了我兩年，還假裝什麼都沒發生，但我對他們非常友善。

我經常對一些擁有龐大潛力的朋友說：「如果表示善意很容易，就眞的很容易。」但在承受壓力時還想表達善意，這就很困難。你感到壓力時，就很容易發火飆罵。想成爲氣度更大的人，就需要內在力量，但這是一個重要的特質，能讓你顯得與眾不同。

我每天都依靠善意，來幫助我度過生意上的焦慮和挑戰，而這都看在跟我最親近的那些人眼裡。但令我難過的是，我在鏡頭前咄咄逼人的交流方式，讓一些人搞不懂我為何對「善意」一詞如此執著。

沒人能完全了解每個人。沒人能百分之百了解某個人的想法，了解這個人在童年經歷了什麼事件而被塑造成今天的樣子。既然如此，你又怎能批評這個人？同樣的道理，如果有人評判你，但他們並不完全了解你，那你又怎能把這個評判放在心上？那些嚴厲評判自己的人，也傾向於嚴厲評判別人。善待自己的人，往往也懂得善待他人。

我第一次得知有員工偷東西時，感覺就像肚子挨了一拳。我知道父親會對我開創的開放又包容的公司文化感到不滿，因為他覺得就是這種文化讓員工有機會動歪腦筋。我立刻進入自我防衛模式。

首先，我提醒我爸，以前也有人偷過我們的東西，即使我爸當時是以「鐵腕」手段管理公司。這種事就是可能在零售業發生。然後我問自己：「那名員工還好嗎？他為何這麼做？是不是有什麼隱情？」

這就是關鍵。那名員工對止痛藥上了癮，急需錢買藥，所以從公司裡偷了東西。

信不信由你，但在這類情況下，我會心生感恩和慚愧。我這輩子很幸運，沒受過什麼傷害。也因此，我怎能不透過同理和善意來寬恕對方？我怎麼會不同情對方？

但這並不表示你不用讓犯錯的人負責。很多人把「善意」跟「軟柿子」（pushover）搞混，後者的意思是「容易被別人控制或影響」[20]，而這兩者的意思完全不一樣。

你可以既善良仁慈又活得坦率，並且堅守立場。你跟員工、供應商或客戶發生衝突時，善意會讓對方以一種原本不可能發生的方式向你敞開心扉。在宣布壞消息或進行艱難的對話時，我熱中於運用善意來創造安全的環境。

然而，如果你過於善解人意、滿懷善意，但沒加入適量的坦率，以後就會招來怨恨。你如果對未來抱持樂觀態度，就能在被人得罪時當個氣度更大的人；然而，時間開始耗盡時，你的情緒就會失控。

如果我現在不開始發展「善良的坦率」這項情感成分，晚年時就會被怨恨包圍。在一九八〇、九〇年代，我會運用跟這些成分相反的概念行事。

善良的坦率對我來說總是很有挑戰性，因爲我不在乎一般人關心的事情。我不是在意成交易數量的那種人，而是一個情感給予者，也因此，我有更大的能力來處理怨恨。但與此同時，我知道自己必須用其他成分來與之平衡。對你而言可能恰恰相反，例如你可能活得很坦率，但缺少善良的情感成分。

這就是爲什麼我把「善良」放在「坦率」之前。投藥的方式很重要。許多人選擇某位醫生而非另一位醫生，原因之一就是醫生在病床邊的態度。重點不只是醫生對藥物的了解。呑下葡萄口味的止咳糖漿，遠比喝下原味版本容易。打針前處於歡笑不斷的幽默心情，遠好過淚流滿面。但你還是得挨針。

不要把「坦率」當作「不用親切待人」的藉口。

在賈伯斯時代，我眞的看到一些好孩子在自己的組織中創造一種苛刻又粗魯的管理風格，作爲對賈伯斯致敬的頌歌。這令我印象深刻，也成爲我想多談談善意的原因之一。事實上，善意就是這本書背後的催化劑，也是我想把這十二又二分之一種成分收錄在此的原因。我想告訴世人，同理、善意和感恩之類的特質也很酷，就像在賈伯斯時代當個苛刻的老闆一樣。

我不是要爭論當一個嚴厲的老闆會不會提高生產力和產量。我只是想說，歸根結柢，我相信善意勝過粗魯對待。相信有很多實例指出哪些組織透過黑暗的管理風格獲得成功，我也明白這個論點。嚴格的教練確實能塑造出成功的團隊。然而，你如果仔細看看引擎蓋底下，會發現一個組織裡的「愛」，其實比外面的人看到的多得多。人的內心更爲複雜。

我不熟悉賈伯斯所有的細節，但我知道矽谷的年輕人如何解讀他，以及他如何成爲傳奇人物。我的直覺告訴我，賈伯斯其實有著更多的愛和善意，遠超過世人對他的了解。

即使是最嚴厲的職業籃球或美式足球教練，也獲得一些球員喜愛。很多球員會說，教練在私底下其實很不一樣，跟媒體對他們的描述完全不同。

這是有原因的。

「善意是一種力量」，這是社會很難理解的觀念之一。因爲一般人並不是這樣定位這項特質。我打算把善意宣揚成一種力量，並看看能產生什麼樣的影響。

善意眞的、眞的很有用。

頑強

非常堅定的態度或行動方式；決心。[21]

這年頭，「拚命」（hustle）一詞受到操弄，甚至被妖魔化。對一些人來說，「拚命」意味著「倦怠」（burnout）和疲憊，我也很怕有人把我和這幾個字聯想在一起。

如果你想在任何事上獲得成果，我確實認爲「頑強」（tenacity）是必要的。然而，它不該以犧牲安心感和快樂爲代價。頑強永遠不該跟倦怠畫上等號。令我難過的是，有些人無法把這兩個詞彙分開。

但我能理解他們爲何這麼想。很多人對頑強的看法，就跟我對坦率的看法是一樣的。我一直沒辦法消除我對「坦率」一詞的負面態度，所以徹底避開它。

看到有些人把「拚命」（hustle）和「頑強」搞混，以爲都是「燃燒殆盡」

（burnout）的意思，我並不會生氣，反而能理解他們爲什麼搞混。

但兩者有明確的區別：「燃燒殆盡」是過勞或壓力所造成的身心崩潰。「頑強」則是「決心」（determination）。

我之所以說應該享受實現野心抱負的「過程」，是因爲人們在追逐第一桶金、高級賓士車、香奈兒包或私人飛機時，把自己給燃燒殆盡了。原因是這類人追求這些東西，幾乎總是爲了受到別人的認可，而不是自己的。如果把自己的快樂建立在「外人的認可」和「物質生活」上，你一**定會**——我保證一定會——處於燃燒殆盡的邊緣。這就是爲什麼我試著告訴你，不能把他人眼光和物質享受當成供奉高臺的目標。

相反的，如果你正在做自己眞正喜愛的事呢？如果你眞的是爲了自己而朝著目標邁進，而不是試著透過買東西來向別人證明什麼？

頑強是對自己說：「我太喜歡自己正在經歷的過程，所以能跨越一般人眼中的障礙。」

例如，我在二十幾歲時，一些同學會來我爸的酒類專賣店光顧。其中一些人在畢業後成了醫生、律師或華爾街專業人士。他們會來買昂貴的香檳，我會走進地下室裡，拿酒出來裝箱，在收銀處打電話給他們，然後把箱子搬進他們車子的後車廂。我記得在他們眼裡看到憐憫和自大，因爲我還是那個在老爸的店裡工作的小鬼。

但因爲我的頑強和信念，那些時刻因此激勵我，而不是重重地打擊我，成了健康的「耿耿於懷」。

正如你將在第二部看到的，我對現實工作生活中會遇到頗具挑戰性的情境做出的直接回應，通常是許多情感「軟技能」的混合，像是同理、善意和感恩。但正如雷格哈夫・赫蘭（與我合作這本書的夥伴）在我們寫這篇文章時指出：我二十出頭時，是一生中少數幾次憑藉頑強和信念而較爲強勢的時候。但在那不久後，我運用了同理和耐心。我怎能期望那些二十歲的朋友們知道，我在那個年齡是多麼具有戰略眼光和深思熟慮？

他們不知道的是，我當時的執著是花十幾年的時間幫父親建立事業，這是爲了感謝父母爲我所做的一切。那些朋友怎麼可能知道？在那個時代，我所做的決定很罕見，至今仍是。

他們不知道我深刻明白八十年、九十年和一百年後的世界是什麼模樣。我有耐心和觀點。

「在父親的酒類專賣店工作幾年」，這個想法並不令我害怕。我從不覺得自己「落於人後」或「走錯路」。我不得不同情那些瞧不起我的人，因爲他們不知道我其實會達到最高峰。

在生命中的那個階段，我對「時間」有了非常不一樣的看法。我的想法是，從二十二歲到三十二歲這段時間，爲我的家人準備一筆「存款」。這在相較之下顯得很容易，因爲每個月有數以萬計的人透過ＩＧ私訊我，說他們在人生中載浮載沉，到了二十六歲還不清楚自己該做什麼。

我覺得在葡萄酒文庫的「戰壕」裡磨練技能很有趣，我每天在這家零售店跟客戶互動十五個小時。我當時持續磨練溝通技巧，因爲每天都得擔心銷售量。這門生意就是我們的生計，決定我們有沒有飯吃。但我也知道，以後有一天不再需要在那裡工作。只要建立一個父親能永久運用的品牌，我就不會在四、五十歲時因爲他的生意在我離開後結束而難過。但怎麼可能有人明白這些計畫？重點是，有沒有人明白都不重要，因爲**我**自己明白就好，而這強化了我的動力。

信念和頑強是形影不離的。如果對自己做的事懷抱信念，就更容易變得頑強。

撰寫這本書的過程中，我難得思考了很多關於「競爭力」的事，我在過去十年裡很少提到這個詞彙。然而，我意識到自己對此可能該多加說明：頑強、信念以及「想贏」的熱忱，為「真正的我」奠定基礎。在寫下這些文字的這一刻，我的直覺告訴我：頑強是下一本書的種籽。

好奇

對了解或學習某件事的強烈渴望。[22]

寫到這一段時，內心蠢蠢欲動，因爲我對NFT感到興奮不已。我坐在椅子上，能感覺到體內分泌化學物質。我眞心相信NFT將在人類創造力上掀起一場革命，我也很高興能學到更多。

我在二〇二〇年最後幾個月專注於范納媒體的營運之後，終於願意在二〇二一年初稍微鬆開油門，騰出更多時間研究NFT。這或許意味著我現在的業務無法增長很快，但實在不能錯過NFT的相關機會。我如果不把這件事做好，就會有更大的遺憾。

人如果缺乏好奇心，就會拒絕新機會，而不是花時間去探索。很多人認爲「打電動」並不是一種務實的賺錢方式，但在今日，收入最高的遊戲玩家和電競內容創作者，每年都能賺進數百萬美元。

在社群媒體剛出現時，很多專家都認爲這只是一時流行。他們也是如此論斷Web 2.0。我談到「球員卡」（sports cards）是一種有趣的新興另類投資時，人們認爲這東西根本不切實際。

但在今天，藝術家在不久的將來就能透過NFT來賺取足夠生活的收入。儘管如此，很多人還是認爲「會畫畫」並不是一門實用技能。有許多熱情洋溢、天賦異稟的藝術家，仍在默默接下自己終究會討厭的工作，卻沒意識到其實可以做從小就喜歡的事謀生。相反的，他們跟隨主流意見，成了銀行主管。

我們的社會低估了「好奇」的力量，以爲這字眼感覺不切實際、抽象又幼稚，但我相信這是事業成功的最重要特色之一。

我就是因爲好奇心，而閱讀了「馬克・斯奎爾的葡萄酒公布欄」上一九九〇年代中後期的每一篇文章。透過同理和好奇（我認爲就是這兩者建立了直覺裡的基礎成分），根據蒐集到的情報，我認爲澳洲和西班牙的葡萄酒會越來越受歡迎。事實證明，我判斷得一點也沒錯。

從某方面來說，這很類似音樂產業的「A&R人員」（artists-and-repertoire representative；意思是「藝人與製作部代表」，負責發掘、訓練歌手或藝人的部門）。好奇心使得我努力學習（很像七、八〇年代的A&R人員去夜店發掘歌手），然後我透過同理挑選了即將變熱門的東西，把賭注押在會建立起超人氣樂團的歌手。這基本上就是我的謀生方式。

好奇與同理混合，就會產生直覺。然後，在體驗或「品嚐」了這種直覺之後，就能發展出信念。

我的好奇心使我相信，某些類別的球員卡價值會出現爆炸性成長。NFT也是。

我在本質上是個人類學家，我喜歡觀察。我深入觀察人類行爲，也因此能對一些新興科技和行業做出預測。但在事實上，我並沒有眞正的預知能力。我只是更密切關注市場正在做什麼，並且執行得比大多數人都快。

你如果懷有好奇心，就需要不惜一切代價地用謙遜態度保護它。我不會把以前獲得的成功放在腦海中的展示架上，因爲這會破壞我的好奇心，騙我以爲自己已經沒剩多少事要做。但在認知裡，我還很年輕，人生才剛開始，我投出的球還沒進入捕手的手套。你如果太過膨脹自我，好奇心就會遭到壓抑。

好奇的定義是，「對了解或學習某事的強烈渴望」，而其中「強烈」和「學習」這兩個詞彙令我格外注目。爲了將好奇的價值最大化，你需要強烈的工作態度，尤其需要有「天天學習」的強烈欲望，不論已經取得多少成就。

運動員如果多多運用好奇心，在退役時就會感到興奮，而不是難過。與其想，我的運動生涯快結束了！而是想，哇！我才三十五歲。我在接下來的五十或六十年裡能做些什麼？

運動員能利用自己的才能、聲譽、人際關係和知識來探索新的生活領域，無論是建立自有品牌，或是成爲更好的父母。名人堂的球員都比我年輕，而我覺得自己年輕得就像個嬰孩。我是這麼想的：他們在職涯裡還有大把時間。

如果你是野心勃勃的人，就算六十五歲退休了，而社群媒體時代才剛到來，那麼好奇就能幫你發展出全新的事業與人生。如果你想重回相關領域貢獻長才，六十五到九十歲之間的時光簡直就像遊樂。想像一下，如果你向人們分享你六十多年的人生智慧？如果你透過社群媒體與世界交流，把握在職涯的黃金時期沒能擁有的機會，來提升你爲世人留下的遺產？

除了樂觀之外，使我熱愛人生旅程的另一個驅動力，就是好奇心。我想知道自己究竟能建立多龐大的事業，想知道能影響多少人，想知道以後會有多少人出席我的葬禮。

我對這一切潛力深感著迷，想盡其所能。

好奇定義中的第二個關鍵詞，是「學習」。

那些在社群媒體上關注我的人，常常對我的教育觀點感到困惑。我認爲教育是成功的基礎，但也認爲我們應該質疑現代教育在美國的行銷方式。

如果你充滿創業精神，而且眞的有潛力成爲生意人，就該檢討是否值得承擔「大學學費」這種債務。諸多學生、家長和組織都需要重新檢討，大學對他們的特定抱負而言究竟有多少價值。

話雖如此，我之所以是「承諾鉛筆」（Pencils of Promise）的董事之一，是因爲他們在迦納、寮國和瓜地馬拉之類的地方辦學。在發展程度較低的國家，學校就是通往更多機會的途徑，就像網際網路和社群媒體在美國扮演的角色。

學習可以有不同的形式。你可以發私訊給欽佩的人，表示希望能爲他們工作，藉此學習。你可以透過上網課來學習。你可以在推特和 YouTube 上大量瀏覽資訊，我就是這樣學習關於 NFT 的一切。好奇能激勵人產生這種工作態度。

缺乏好奇心的人，往往會自欺欺人地以爲自己正在運用信念。你可能不想學習新技術、平臺或機會，因爲只想「堅持一件事」。如果你不喜歡同時拋接太多顆球，我也尊重你的想法，畢竟很多人都不喜歡手忙腳亂，但請不要把過去的成就高高擺在展示架上，或是以自我爲中心，並稱之爲「信念」。

我不想爲這本書中的諸多情感成分排名，但如果非選不可，我會把好奇和謙遜放在信念和頑強之上。

耐心

能夠接受或容忍拖延、麻煩或痛苦，不會感到生氣或沮喪。[23]

我聽到耐心的定義時，會露齒而笑。

我的社群大概已經聽膩了我高談「耐心」，但我還是得宣布一個嚇人的消息：

我會繼續宣揚耐心，直到我遇到的每個人都把它牢記在心。

耐心是我這輩子獲得最美麗的禮物之一。雷格哈夫指出，他沒料到會在這個詞彙的定義中看到「容忍……在痛苦時也不會生氣或沮喪」，我也沒料到。我覺得我跟這個詞彙及其定義有著密切關聯。

如果人上了天堂後，胸前會寫一個字，我知道自己胸前會寫著「耐心」。耐心就是讓我在心中感到輕盈的核心成分。你如果有耐心，壓力就會自動消除，也能做更多的事。如果有一天世界我說了算，那麼各地的義務教育都應該把「耐心」列入課綱。

我希望更多家長能意識到，耐心是孩子成長需要最重要的成分之一。如此一來，孩子就會更快樂，不需要「逃避現實」來因應不耐煩造成的壓力。在十八歲到三十歲之間，有很多人對自己的職涯感到焦慮，因爲他們缺乏耐心。

我見過幾十名員工離開了我參與過的公司，他們原本應該能取得重大成就，可惜被不耐煩的個性拖累。他們期望不切實際的過高加薪，要求一次升職兩階卻未果，或是提出其他不切實際的要求，來滿足短期的不安全感。不幸的是，他們在組織裡失去長期潛力，因爲他們一直在趕時間，而且缺乏自知之明。

缺乏「耐心」的滋養，不安全感就會蔓生。

你如果急於在短期內向別人證明某件事，就等於沒給自己機會享受這個過程。你如果不享受過程，就更容易消耗殆盡。如果你強迫自己走上某條路，是因爲認爲已經三十歲了卻沒賺進第一桶金，這麼做其實等於讓自己在三十一歲時面對嚴重的自尊問題。

還沒取得成就時就擔心別人對你的成就有何看法，是常見的錯誤思維。耐心讓你在二十幾歲和之後的年紀，能應對他人的判斷。我的一些富裕朋友當年來父親的酒類專賣店，用憐憫的目光看著我時，我就是因爲耐心而能輕鬆自如地面對他們。

有耐心的人不是沒有野心，也不欠缺頑強的情感技能。事實上，耐心讓你能懷抱更大的夢想。

讓我把話說清楚：我現在離自己想實現的目標還很遠，差了十萬八千里。

我也知道自己在別人眼中已經取得許多成就。但在我自己眼裡呢？和你一樣，我覺得還有許多事等著我去做。這本書出版時，我已經四十六歲，但依然耐心十足。我並不急著在未來幾年內實現夢想，我對接下來的四十六年感到興奮。

你能想像我爲什麼試著讓孩子明白，他們擁有的最大資產就是時間。如果你二十二歲，那我告訴你，如果我能拿擁有的一切來跟你交換年齡，我絕對願意。

我也想提醒六十六歲的人：現代醫學能讓你再活二十五年，這筆時間很充裕，能讓你實現在十三、二十三或三十三歲時的夢想，還有時間去探索你的好奇心。我認爲耐心不僅對剛入門的實習生來說是基礎，對執行長、營運長和高級主管來說也是。

你如果是個有耐心的領導者，就會讓員工能隨著時間推移而有成長和發展的空間。如此一來，就不會因爲他們最初幾週犯的小錯而生氣。隨著時間經過，你會更願意訓練和培養年輕人才，從整體去看他們的表現，而不只是過度關注他們在第一週或第十週的表現。你如果對自己有耐心，就會對其他人有耐心。

但就和其他成分一樣，耐心也必須搭配「善良的坦率」。你如果耐心過頭，就很可能種下怨恨之籽。之前我的耐心耗盡時，在公司組織內造成了令人不愉快的場面。如果對方還是無法勝任負責的工作，你就需要運用善良的坦率。

我有個有趣的見解跟大家分享：我每次發布關於耐心的貼文時，幾乎一定會有很多人批評「說來容易，做來難」。所以當你發現自己的不足之處時，我想提醒你，所有偉大的事情應該都很難達成。

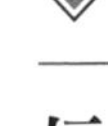

信念

堅定的想法或意見。[24]

我為什麼要公開聲明「NFT將引發人類創造力的革命」？NFT才剛問世，我為什麼要害自己被一大堆人懷疑我可能會犯錯？

大聲說出自己的信念，這麼做就是讓自己接受公評。因為你很可能是錯的。但對我來說，信念就像宗教。我知道這句話是強力聲明，也不是想惹惱任何人。之所以這麼說，是因為這是我的堅定信念。對自己事業的信念，正如我對宗教的信念。我如果深信某件事，就沒有任何人事物能阻止我。

信念就是讓你免於迷途的北極星，能幫助你在旅途中堅持下去，儘管困難重重。如果缺乏信念，你就會因為別人的意見而錯失良機，而這是最具破壞性的下場。

如果伊隆・馬斯克、華倫・巴菲特、歐普拉和傑夫・貝佐斯現在走進我辦公室，說NFT缺乏長期潛力，你無法想像我多不在乎他們的看法。他們雖然擁有事業上的成功和創新，但他們的主觀意見無法動搖我的信念。

不過，如果七年後沒人買NFT呢？來自市場的數據就可能改變我的想法。單憑四個人的意見無法改變我的想法，無論對方有多成功。就算他們在過去取得了成功，這並不表示他們對未來的看法一定正確。

這就是為什麼我不會對自己不了解的議題發表意見。我對火星沒有意見。我對虛擬實境有很多好奇心和假設，但在正式宣布自己有何信念之前，必須先對市場做更多觀察。我需要「感受到」消費者的行為。

擴增實境（Augmented Reality）令我興奮，是因為《寶可夢GO》手機遊戲已經發生。我看到人們把車停在路邊，跳下車，進樹林裡捉一隻不存在的皮卡丘。意思就是，那隻皮卡丘**確實**存在。毫無疑問地，我們將生活在一個虛虛實實的宇宙中。擴增實境也許規模還不夠大，但那一天遲早會來，而且目前正在進行中。

在一九九四年，看到地下室的阿宅們透過一個叫做「網際網路」的東西彼此交談時，我就知道全世界遲早都會跟進。看到孩子們玩《要塞英雄》或購買數位商品時，我就知道成年人遲早也會照做。事實上，我確實看到成年人這麼做，時間是二〇一〇年，地點是臉書的「開心農場」。

我經常發現，我的想法跟學術報告或官方研究大相逕庭。我總是會問：

「你們是怎樣取得報告中的結論？」

我總是難免好奇，這些結論真的有反映市場行爲嗎？還是百分之六十七的美國人認爲咖啡很好喝，就因爲你們調查了九十一個人，並聲稱這達到統計顯著性？

我試著時刻掌握全美國三億兩千八百萬人的行爲趨勢。我想感受到文化的脈動。我一直生活在好奇和同理的狀態中，這爲我強大的信念鋪好了道路。因爲我的信念來自直覺，所以不認爲自己是「正確的」，只認爲自己的年紀不算小，知道自己的直覺有很好的績效紀錄。

我在「判斷未來趨勢」這場遊戲中常常贏。人們一開始告訴我「不可能」，然後變成「也許吧」，最後變成「你真的是個創新者」或「你是怎麼預知未來的？」。

這就是我的職涯基礎。找一百人來做焦點小組研究，並不一定能得到這些結果。

你如果在面對社會的阻力時依然堅持自己的信念，就可能發生兩件事：你是對的，或是你很高興看到結局。你如果辭掉高薪的律師事務所工作，去建立自己的服裝品牌，但兩年後失敗了，也不需要因爲沒聽你媽的話、保住原本的工作而感到丟臉，因爲你在八、九十歲時就不會懊悔自問：「如果我當初放手一試呢？」

我寧願死在自己的劍下，而不是死在別人的刀下。我堅守自己的信念，直到市場告訴我錯了。我知道自己錯了之後，也會適時調整信念。

隨著時間過去，我也變得更加成熟，讓信念變得更完善。例如，我相信努力工作的價值，至今依然如此相信著，但現在的我目睹了市場如何誤解我對「拚命工作」的解釋，所以我對「努力工作」有了更完善的定義。後來我轉爲強調：你首先必須熱愛自己的工作，因爲如果沒有愛與熱忱，就無法持續努力工作。我至今也依然努力工作，但在學校的努力態度是零分，因爲我討厭學校，而且教育方式不符合我的野心抱負。

我跟學校處不來，你則可能是跟工作處不來，甚至可能是跟你創造的工作處不來。也許你想在結構化的公司制度下工作。你如果擁有一家企業，那麼承受的壓力比公司裡任何人都要大。也許你對此並不樂在其中。也許你想讓老闆或執行長來擔心公司的未來，好讓自己不必擔心。這就是自知之明能如何讓你對自己的野心抱負產生信念。

謙遜

對自己的重要性抱持著適度的評價或輕描淡寫；謙虛。[25]

我其實很討厭謙遜的定義。爲什麼要對自己的重要性輕描淡寫呢？放屁。

但我確實同意，謙遜是對個人的重要性抱持適度的評價。我認爲是抱持著公平的評價，甚至有同理心的評價。我對自己的職涯有著長遠的野心抱負，但並沒有自我膨脹；傳奇的文化象徵（例如歌手王子和大衛．鮑伊）、名人或具有影響力的政治人物離世時，我們會哀悼一陣子，但還是會繼續過日子。我明白我在這個世界上是眞的微不足道，想到這點，我想不謙虛也難。不管我贏得多少讚譽，不管人們給我多少讚美，我從不相信自己比其他人更特別。

你如果想培養長久的正面聲譽、留下令人欽佩的遺產，就絕對需要謙遜。一位領導者如果缺乏謙卑之心，就無法讓成功持久，就算這並不表示他們沒辦法升官發財。取決於組織的特性，以「自我爲導向」的領導方式也許能帶來晉升和加薪，但這種領導者也一定會在背後遭人議論。你如果想讓自己的名聲經得起時間考驗，就絕對需要謙遜。

這是人類所能擁有的、最具吸引力的特質之一。

問問自己：想不想讓最不了解你的人認爲你是最好的，而最了解你的人認爲你是最糟的？我眞心相信這是大多數人需要問自己的問題。許多人在看到關於一些爛人獲得成功的故事時，會感到困惑。可是那些爛人眞的很成功嗎？他們處於巔峰時有何感想？更重要的是，他們在臨終的日子裡有何感想？

我如果實現了自己的財務和職業目標，但最了解我的人給我的評價最差，那會是我這輩子最大的災難。我一點也不想留給與我關係最親密的人那種遺澤，那會讓我崩潰。

因爲謙遜是我在社群媒體發文中最不明顯的情感成分，所以我認爲就是它爲我贏得了那些跟我最親近的人。大多數人把我的「熱忱」跟「具有同理的能力」混爲一談。在社群媒體看我發文的那些人，可能會以爲我的進取心和競爭力蓋過了其他特質。

雖然我們沒有把競爭力列為要素之一，但其重要性不容小覷。如果哪天要為這本書寫續集，描述另一批要素，競爭力一定會是其中之一。又或許，我目前沒列入競爭力，是因為它本身可能需要一整本書的篇幅來探討。

我對「競爭」的看法其實有點自我矛盾。我想在市場上痛打對手，但我如果輸了，就會立刻轉為謙遜。輸了就必須接受現實。無論我在競爭上是輸是贏，唯有謙遜能讓我享受做生意的好處。

謙遜能產生令人安心的舒適感，讓你在職場上成長更快。要是哪天失去一切，我也會因為謙遜而願意住在便宜公寓。我說我眞的願意住在堪薩斯州的一個紙箱裡，這句話並不是在開玩笑。我醒來後會爬出紙箱，用魅力和職業道德找個地方免費沖澡，然後東山再起。我可以過上簡樸生活而不會影響自尊，所以不怕在商場上承擔經過計算的風險。我的謙遜能時刻保護我的安全。

人們會說什麼？說他們不敢相信我下了那麼大的賭注？說他們早就知道我會失敗？說每一個相信我的人都被騙了？

如果我因爲經濟狀況而被迫住在破公寓，我也願意承擔所有責任。我的「操作系統」顯然存在著缺陷，所以導致災難性的不良行爲和一連串錯誤。你如果懂得謙遜，也會有伴隨自知而來的自愛，就會更容易承擔責任。當然，我一**點也不想**陷入如此艱難的處境，但我也並不害怕，因爲我知道如何使用十二又二分之一個情感技能來應對每一個情境。謙遜有助於引導出其他成分。

幾乎每個正在閱讀這篇文章的人，都有辦法做到減少開銷，但他們往往並不這麼認爲。「由奢入簡」能更有效地讓你追求夢想，或在事業上承擔有計畫的風險，就不會心懷恐懼。但對於一些年收入二十四萬八千美元的人來說，一想到如果每年只賺二十萬美元，他們就會感到不寒而慄。他們不願意大車換小車，不願意賣掉房子，也不願意放棄豪華假期來過上更低調的生活。就算把年收入從八萬美元降至六萬八千，從四萬降至三萬四，「由奢入簡難」的道理還是一樣。

如果你願意在短期內過上更簡樸的生活，就不用擔心三年後失業或倒閉。如此一來你會發現，全職經營小規模 YouTube 頻道不再那麼可怕。你因爲對根汁啤酒的熱情而想拍攝一系列影片，於是決定辭去高階經理人工作，也不會擔心同事會不會因此瞧不起你。

你如果對自己有既公平又適度的評價，就擁有了比別人明顯的優勢，因爲你願意做他們不願意做的事。你如果想打造自己的品牌，就需要保持謙卑，像是第一次在網路上發布自我介紹影片。

透過謙遜，就不會過度思考一些讓一般人不敢拍影片的恐懼：我的影片看起來還行嗎？觀眾對我的用色會做何感想？

面對蒐集得來的新數據時，也能更輕鬆地改變主意。舉例來說，管理者和領導者在「解雇不適任員工」這方面往往動作很慢，因爲「善於招聘」而非「善於經營」會讓他們更自豪。你如果夠謙遜，就會願意承認自己選錯了人。

我就是因爲謙遜，而不會覺得有必要繼續維持之前做的某個決定。我可以在兩秒鐘內改變自己的看法，而且一直都在這麼做。我現在非常熱中於ＮＦＴ，但如果出現了更重要的事，也會毫不猶豫地降低ＮＦＴ的優先等級。

我對謙遜的定義是，「清楚明白自己在世界上的地位」。（我覺得這樣更精確。《牛津英語辭典》可以去吃屎。）

野心

有著強烈欲望想去執行或實現某件事，通常需要決心和努力。[26]

如果十一年後，買下紐約噴射機美式足球隊的人不是我而是莎莉·湯普遜，你知道會發生什麼事嗎？

全世界都會取笑我。你能想像社群媒體到時會出現什麼樣的文章嗎？我一定會被大肆嘲諷。

那時我會親手將自己置於這樣的處境：我如果沒辦法達成極不可能的壯舉，就會被社會大眾視爲失敗者。就算我到時眞能賺到二十億美元，就算我成爲世上最成功的企業家之一，但如果沒能買下噴射機隊，全世界還是會說我輸了。

奇妙的是，這反而令我興奮，因爲可能發生兩種情況：

一是我成功買下噴射機隊，寫下最激勵人心的人生故事。二是我沒買下噴射機隊，而這讓我有機會透過自己給全世界上一堂重要的課：重點應該是旅程本身，而非目的地。

不論結果是什麼，我已經贏了。設定「買下噴射機隊」這個目標，讓我有機會用一輩子的時間去建立和發展事業，而這帶給我喜悅。制定策略，並將所有要件組裝在一起，這麼做非常有趣，就像拼湊一幅大型拼圖。

我的「三十年使命」是在大品牌價格過低時買下並全力發展，日後售出，賺取幾十億美元的利潤，然後買下噴射機隊。我之所以建立范納媒體，就是朝這個方向設下的一步戰略棋。我們和《財星》世界五百大品牌合作，讓我了解它們如何營運。我需要依此建立基礎，才能透過范納媒體來發展未來收購的品牌。這也有利於創立新品牌，或是創造一些我現在還看不到的東西，但是范納媒體的基礎讓我有機會擴大未來的版圖。

人們常常和「野心」之間有著不健康的關係，部分原因是他們用以掩飾自己的不安全感。有些人設定的目標是建立成功的公司，或在組織中獲得高階職銜，這樣就能向父母、配偶，或曾懷疑他們能力的高中朋友證明一些事情。他們的野心出發點雖好，動機卻是基於不安全感，而非好奇或自知。

這就是爲什麼人們爲自己的目標設下時間限制。我在三、四十歲時，完全不急於買下噴射機隊。我一直在爲自己努力，不是爲了其他人。如果我在六十多歲、七十多歲或更老的年齡才能達成這個目標，我還是會很興奮。

正如以前的我分不清「坦率vs負面態度」，正如有些人分不清「頑強vs拚命」，有些人就是分不清「心懷抱負vs態度苛刻」。他們看到領導者因爲「野心過剩」，而在實現目標的道路上得罪一大堆人。我就是試圖透過這本書來改變這點。「不計任何代價地追求勝利」，勢必造成不良後果。

但如果和雄心壯志建立起良好關係，生活就會充滿快樂。我每天早上醒來追逐夢想，但完全不急著實現。這是信念和謙遜的完美結合。我完全相信自己會成功，但並不**需要**成功。野心抱負可以像是一條吊在驢子眼前的「健康胡蘿蔔」。

自問你想實現什麼，更重要的是，爲什麼要實現它。你跟大家說要買下一支球隊，是因爲你想贏得他們的敬意和欽佩？你眞的只想要一份朝九晚五的輕鬆工作，一年能度假三次？你眞的想應付身爲公司CEO必須面對的頭疼經營問題？

還是只希望能在 IG 和 LinkedIn 上運用高階職銜的影響力？

極端一點來說，你是不是**害怕**讓別人知道你的野心是什麼，因爲你害怕他們會認爲你是否得了妄想症？

我很喜歡公開談論我的野心，因爲這麼做會迫使我爲自己的言行負責。這麼做也等於允許全世界在我失敗時嘲笑我。

但所有成分就是在這裡結合在一起。追根究柢，追尋夢想不是爲了其他人，只爲了自己。

第二部

情境篇

牛排、魚或沙拉等菜餚的風味，完全受制於烹煮時使用的調味比例，這點令我著迷不已。根據選用的調味料或配料，沙拉的味道會大不相同。鹽太少，食物的味道會過於平淡；鹽太多，則會壓過其他味道。

同樣地，我在第一部介紹的所有情感成分，只在適當混合時才有效。你接下來會讀到如何組合，來應對各種現實生活情境，例如：

- 跟老闆商討加薪。
- 讓老闆看見你的努力。
- 當你看到同事而非自己獲得升遷時。
- 跟占了你便宜的商業夥伴對峙時。
- 因工作造成精神健康問題，想坦白說出口。
- 提高團隊熱忱、動力和整體績效。
- 你突然被推上管理職。
- 想透過創新保持領先地位。

・待在原本的公司，或是全力開發副業。

以上只是其中幾例。當中有些情境靈感，來自我社群的訊息。有些則是源自社群媒體上的評論、現實生活中的對話，或我在演講時遇到的聽眾提問。

當你讀到我在以下情境如何運用十二又二分之一種情感成分時，不希望你盲目認為我是對的。透過閱讀我的觀點，希望你也能開發出自己專用的獨特方式，適用於你和生活中的各種情境。

情境1 獲得晉升的是同期同事，而不是你

你和同事布蘭登差不多在同一時期進入公司。在技能、個性和動力這幾個方面，你認為兩人非常相似。在十人團隊中，你們倆是最優秀的。但最後竟是布蘭登獲得晉升，而不是你。你會怎麼做？

我最先想到的成分是「善意」。我眞心認爲，如果你的最初反應是爲同事感到高興，心裡就會輕鬆許多。你如果心裡感到輕鬆，接下來的對話就會變得更容易。想獲得坦率的反饋意見，你可以和決策者（也就是經理）進行面談，並告訴對方：

首先，布蘭登確實很棒，我對他的晉升感到非常興奮。我尊重公司做出的決定，但我想了解你的想法。你是出於哪些原因舉薦布蘭登？

不論答案是什麼，請記住，對方的答覆並不是關於你的明確陳述，而只是在必須做決策時的主觀看法，不是針對你的能力做出的批評或最終判決。經理是依據自己「看見」的事情做出判斷。

在我的工作團隊中，我或負責管理團隊的安迪·奎納克都曾做過好或不好的決定。雖然我一直在觀察團隊成員的表現，而且直覺敏銳，但還是遺漏了關於員工的大量情報。我對正在發生的一些事的來龍去脈，沒有百分之百了解。事實上，沒有任何經理或領導者做得到百分之百。也因此，不要因爲一、兩個人主觀認定布蘭登的工作表現比你優秀，而對自己感到難過。

記住，別在進行這類談話時表現出侵略性。如果在一開始就表現出憤怒，而非「善良的坦率」，這場談話就注定不會有好結果，還可能成爲對職涯不利的事件，而這遠比你缺乏實質成就的工作績效更加嚴重。如果一開始的態度就咄咄逼人，只能代表這場談話已經結束了。

小提醒

你在閱讀這些情境和建議時，可能認為我提出的做法過於高尚、很難執行；換句話說，「說來容易，做來難」。如果你是這種人，那就必須先明白，你是一個容易被激怒的人。我對此深有同感；我們在發展這些情感成分時都會遇到挑戰，對一些人而言會特別困難。有些我非常欣賞的人，會發現自己幾乎根本沒辦法執行本書的建議。這只表示你的情感能力不夠強韌，無法應對一開始接觸時會出現的挑戰。這種弱點有無數可能的原因，包括先天和後天。

如果以下的情境反應讓你感到不自然，請運用「自知」，後退一大步。如有必要，放下這本書，點燃一支蠟燭，好好思考。

問問自己，你覺得這本書是否有價值。這本書能否幫助你發現哪些情感要素在事業或生活上拖累你？你當初為何拿起這本書？你在閱讀第二部時，也許會意識到，去找心理諮商師對你而言是最好的辦法。又或許，你該帶著「善良的坦率」跟某人來場談話，對方可能是你的父母，或在人生裡導致你缺乏安全感的某人。

也許你該做的是多多運用當責，把拇指對準自己，而不是用食指指向別人。

情境2 主管希望你表現更積極

你的經理奧莉薇亞告訴你，她需要你表現得更積極主動。你很驚訝，因為在你看來，你一直付出額外的努力來提高團隊績效和產能，也一直持續和其他成員分享這些想法。你會怎麼做？

如果你的經理或客戶給你出乎意料的負面回饋，那麼接下來怎麼回應，將決定未來的發展：

嘿，奧莉薇亞，能不能把妳的回饋意見說得更清楚？

接下來，我要你用不同態度把前面那句話大聲朗讀七次。第一次的態度：你對「找另一份工作」抱持悲觀態度。第二次的態度：你充滿怨恨或憤怒。第三次的態度：你是個自負的員工，看不起經理的能力。第四次的態度：你是個花錢大手大腳的人，擔心豪華房車的車貸付不出來。

第五次的態度：你是個對未來抱持樂觀態度的人。第六次的態度：你謙遜、好奇、想學習更多。第七次的態度：你不會立刻想著責怪他人。

你發現了嗎？明明是同一句話，但態度不同，聽起來就會不一樣？你在這種情況下運用哪種情感成分，將改變提問的語氣，並可能改變談話的結果。

在這種情況下，很多員工會認定奧莉薇亞活在自己的象牙塔裡，對團隊的實際狀況一無所知。不論這是不是事實，你如果依據這個假設來回應，就會對批評性反饋做出不良反應。你並沒有爲一場良性討論做好前置作業。事實是，你並不知道奧莉薇亞腦子裡在想什麼。你不知道她家裡發生什麼狀況，不清楚她的話背後的來龍去脈。

所以，你該運用同理和好奇。這兩者讓你有機會先聽聽經理的意見，然後再決定下一步怎麼做。這能爲更有成果的一對一對話奠定基礎。

當你收到正面或負面的回饋意見，必須運用信念，並且記住這只是主觀看法。在這份工作上，你受制於另一個人對你的看法。我喜歡自行創業的原因之一，是成功永遠由「業務結果」決定，而不是任何人。

然而，我們很多時候不得不面對由少數幾個「裁判」來決定結果的主觀意見回饋，這會出現在沒人被擊倒的拳擊比賽，或是一些奧運比賽，甚至學校制度。

來自經理或同事的回饋意見通常是主觀的。這是某人對你工作表現的看法，雖然他們可能會用一些數據來輔助評斷，但**別人的看法未必是事實的全貌**。

仔細想想，認知到這一點其實令人感到自由。在工作上收到批評性反饋的員工會回家喝掉一整瓶威士忌，抽大麻，或用其他方式來處理情緒，就因爲有人對他們說「你不擅長你的工作」。

這並不表示應該忽略反饋，但當你意識到這只是一個意見時，就能客觀看待。無論如何，這都無法明確指出你的能力水準。

例如，如果有人跟我說我網球打得不好，而那個人恰好是我的好友萊恩·哈伍德，他顯然比我擅長網球，那麼這句話對我來說就很合理。這是黑白分明的事實。

然而，我們在這裡討論的情境，並不是黑白分明。

如果你把奧莉薇亞當成導師，而她說你不夠積極主動，那可以運用樂觀這項情感成分做調整。反之，如果你並不把她視爲導師，覺得她背後的動機是不安全感、自負或不良意圖，那在聽到她的反饋時可以考慮以下情況。

例如，她是不是在年度調薪之前給你負面反饋？因爲奧莉薇亞其實不希望你賺更多錢？也許她接到了來自兄弟姊妹的苛薄電話而感到焦慮，所以現在對你犯的一個小錯反應過度？或者更糟的是，奧莉薇亞的健康狀況出了嚴重的問題，改變她的行爲？她是否從員工身上榨取價值，因爲知道外面有數百人等著應徵？

記住，樂觀並不等於天眞。

運用同理和好奇，你就能得到更清楚的反饋。當責和信念能協助你判斷接下來該怎麼做。

我希望人們能更深思熟慮。讀到這裡，你可能已經準備辭去自己討厭的工作。也可能發現了心中根深柢固的不安全感，但在坦然面對之後，說不定接下來能連續七年晉升。

情境2的後續問題

從管理者的角度來看，奧莉薇亞可以做些什麼來激發員工的最佳表現？

運用感恩。

我身爲執行長，很感激員工選擇爲我工作。人們有工作的選擇權，尤其因爲遠程工作從二〇二〇年開始變得更普遍了。每當有新員工加入團隊，我眞的受寵若驚。

人們常說員工應該慶幸自己有一份工作，但企業也該慶幸有員工。一家公司如果產生特權感，就會營造出交易的氛圍，這將無法讓人找到留下來的理由或盡力表現。

情境3 創業資金快見底了

你是一家將產品直接出售給消費者的海帶麵條公司創辦人。雖然你認為海帶麵條會成為主流，而且是義大利麵條的健康替代品，但到目前為止還沒獲得太多關注。你工作了七年，把以前工作存下來的錢都投入這門生意，但一直沒能籌到任何外部資金。你的存款原本有二十一萬六千美元，現在只剩一萬三千美元。你會怎麼做？

這是許多創業者都擔心落入的境地。你花了好幾年嘗試開展新生意，某天醒來卻大感苦惱，而且瀕臨破產，你該怎麼辦？

這時你會躺在床上抱怨：「我怎麼會落到這種田地？我原本有二十一萬六千元的存款，過得好得很。我有很好的工作，有時間陪朋友，而且當時的體重比現在輕八公斤。我做了什麼？我以爲自己是誰啊？我幹嘛開這家公司？」

而這就是走向黑暗面的序幕。人們會開始自責，被過去的決定壓得喘不過氣。

最糟的是，他們會開始責怪他人，問題也因此嚴重惡化。「范納洽幹嘛叫我當什麼企業家？IG上那些王八蛋……我爸幹嘛逼我走這條路？我媽這次爲什麼沒有阻止我？」

人很快會把矛頭指向其他人。如果你處於這種情境，就必須把拇指指向自己，才能維持正面心態：

我眞的很想看看我做不做得到。追根究柢，這是自己做的決定。雖然快燒光存款，但很慶幸至少有試過。

你八十三歲時，會爲自己曾花七年時間建立這家公司而開心不已。你並不是隨隨便便辭掉原本的工作。當初如果留在原本的公司，繼續領那份薪水，是有可能賺到更多錢，但你會被「假如」壓垮。

「假如」就像毒藥，會在老年時給你帶來遺憾和痛苦。你起床時如果覺得心情惡劣，就該立刻換一種說詞：

不，我的存款從二十一萬六千減少到只剩一萬三，這不是任何人的錯。我很慶幸。很高興我有這麼做，因爲到老就不會感到遺憾。

在這種情況下，人們總會爭論什麼是「正確」的決定。你是否應該謙虛一點，回歸原本的工作崗位？還是應該堅持信念，繼續努力，直到儲蓄全數歸零？

我們一起來分析一下。

選項一：你決定回歸原本的工作，一個並不讓你覺得興奮的領域。

你想多存一些錢。

你走進辦公室時，必須謙卑、謙卑再謙卑。辦公室的朋友曾苛薄地說你的生意會失敗，你現在必須跟這個人談談。你必須承認這個朋友說得沒錯。你母親可能未曾明說，但你知道她其實一直不贊成你創業。你也必須跟她談談。

咱們來把選項一變得更麻煩：你回歸原本工作崗位的十九個月後，海帶麵條因爲幾個 YouTube 網紅的介紹而人氣飆升，而且一份關鍵的健康報告引發全國討論。突然間，原本落後於你、排名第三的競爭對手稱霸市場。你看著卡夫食品公司（Kraft Foods）用兩億美元買下競爭對手的公司。

如果你選了選項一，結果發生這種情況，就需要用謙遜和感恩來保護自己，免於耿耿於懷和自我批評。你需要試一試這個機會，就算沒成功，也至少嘗試了七年，而這已經是一般人無法獲得的機會。

然而，選項一也可能帶來相反的後果。海帶麵條可能永遠不會成爲市場主流。競爭對手也失敗了。你可能會回去律師事務所工作，再次累積積蓄，並在公司結識了新的終生朋友。也許這個朋友邀請你參加活動，你在這裡遇見了未來的配偶，又或許遇到一對夫妻，他們的孩子成了你孩子最好的朋友。

事業上的成功只是人生的一部分。如果海帶麵條公司倒閉了，你的個人生活卻得到了改善呢？

你無法預測哪些事件會爲人生帶來最佳的整體結果，這就是爲什麼我喜歡採用樂觀心態。就算錯過一次巨大的投資機會，但誰知道我就算抓住了機會，又會發生什麼事？如果想成功得到機會，意味著我必須搭機前往世界各地開會，結果在途中墜機身亡呢？如果我因為錯過一筆交易而避開一場災難？

二〇二〇年一月，我們都聽說了令人悲痛的消息：籃球巨星「小飛俠」科比．布萊恩和另外八人死於直升機墜毀。如果美國的 COVID-19 封城是在二〇二〇年的一月而非三月開始，布萊恩一行人會不會還活著？想像一下，那起悲劇搞不好因此不會發生。

我就是這麼想的。塞翁失馬，焉知非福；沒人知道事情可能的走向。你可能因為辭職而獲得美好的東西（像是認識一輩子的好友），或因此避開悲劇（像是事故或疾病）。我傾向於透過樂觀的眼鏡來看待人生。

選項二：你堅守海帶麵條公司，直到積蓄徹底耗盡。

存款歸零，令人感到非常孤獨無助。有太多人帶著四百美元跑去大西洋城或拉斯維加斯的賭場，結果輸得只剩八十元。他們夢想著用這八十元贏回四百元，結果連這點錢也沒了，因此不得不向朋友借錢搭計程車回家。

在這種情境下，你最後的一萬三存款很可能歸零。

但我問你：當你七十一歲時，會因爲自己「堅持到存款耗盡再回歸律師事務所」而對自己感覺更好，還是因爲保住了那一萬三而對自己感覺更好？

減少損失很重要，但減少遺憾也很重要。

即使海帶麵條永遠不會成爲市場主流，你的競爭對手永遠不會獲得爆炸式成長，卡夫食品永遠不會花兩億美元在收購，但你在七十一歲時，還是能爲自己曾經放手一搏而感到自豪。

關於這點沒有所謂正確的決定，而是取決於你在此情境中設定什麼目標，但我的終極觀點是：

如果你戴上樂觀的眼鏡來看待做過的每一個決定，而且對自己抱持善意，那大概就不會認爲自己做過什麼錯誤決定。相反的，如果戴上悲觀的眼鏡，就會在你做過的每一個決策上看到問題。這就是爲什麼我總是抱持樂觀心態。

情境3的後續問題

「我的本能是悲觀而非樂觀。我該怎麼解決這點？」

我的答案是：跟樂觀的人相處。花越多時間跟務實又樂觀的人相處，就越能改變自己的心態。

情境4 該拚事業還是在家帶小孩

妳是兩個孩子的母親，職涯早期有著遠大抱負。有了孩子後，很高興地決定當全職媽媽。有一天，妳的祖母在度過漫長又充實的一生後離世，享年九十三歲。妳向來欽佩她，而因為小時候嘗過她自製的果醬，所以妳決定創辦一家藍莓果醬公司，當作副業。這家公司在第一年就獲得爆炸式成長，但妳試著在「事業」和「養兒育女」之間取得平衡，兩個孩子目前分別是十二歲和五歲。妳該怎麼做？

這時候最重要的是自知之明。妳打算把這門生意帶往什麼方向？以後想賣掉嗎？找人合夥？繼續經營下去，讓公司能每年賺進數百萬美元？

那麼，妳絕對需要對自己抱持善意。妳是全職媽媽，意思就是妳是家裡的執行長。既然妳也是一家公司的執行長，就很可能在兩方面忙不過來。

妳平時都很準時，但去接練完足球的五歲兒子回家時，可能遲到了七分鐘。

十二歲的孩子參加三個課外活動時，妳可能只有足夠的時間給五歲孩子報名一種課外活動。妳可能覺得內疚，因爲必須打包貨物，沒辦法花很多時間協助十二歲的女兒做作業，而原本成績全優的她，第一次在理科方面只拿了C。

妳也收到來自其他家長的批評，甚至可能包括自己的家長。妳母親可能說妳需要更關注孩子（也就是她的孫子女），並放棄事業。也許母親當年爲了照顧妳而犧牲自己的創業夢，所以她現在希望妳也爲自己的孩子做同樣的事。

妳可以做出的其中一個反應是：「我**必須**收掉果醬生意。等孩子不用再上學後，再來經營這門生意。」

如果這眞的是妳想做的，而且能讓妳快樂，那麼這就是一個完美的決定。然而，在此情境中，很多媽媽是因爲罪惡感而收掉生意。隨著時間推移，她們發展出更糟糕的東西：怨恨。

妳爲了別人而壓抑自己的快樂，怨恨就會累積。爲了讓女兒能在理科拿A而收掉生意，這可能會導致妳對女兒、或促使妳做出這個決定的某人，產生有意識或潛意識的怨恨。

相反的，妳可以考慮戴上樂觀的眼鏡來看待。妳沒意識到的是，在經營生意時，女兒其實一直在觀察妳的一舉一動。妳正在透過自己的行動激勵一個年輕的女孩，使她相信只要願意，她有一天也能成爲美國總統。妳正在教導她耐心和野心。其他媽媽可能會因爲妳害女兒在理科上拿C而批評妳，但妳其實正在讓她爲日後當個贏家而做準備。

妳需要善待自己，不讓外界的判斷來影響妳的心理，否則損失只會日復一日頻繁發生。

妳可能要面對的另一個挑戰是：十二歲的女兒在週五晚上去同學家過夜，但拚命打電話給妳，說她想回家，因爲其他一些女孩在找她麻煩，逼她喝酒。

妳心想，糟糕，我今晚得打包所有貨物，明天得寄出去，這樣客户才能及時收到辦活動需要的商品。

可是打電話的是女兒，所以妳放下手邊工作，立刻驅車前往。回到家後，她想跟妳好好談一談，妳也想陪伴她。所以妳沒完成包裝作業，而是拖到星期一才寄出顧客訂購的藍莓果醬。

在那一週的星期五，妳收到了客戶的電子郵件、電話和社群媒體上的消息，他們要求退款。因爲妳晚了兩天才發貨，所以有些訂單沒能及時滿足活動需求。

在這個案例上，妳選擇支持女兒，而不是支持生意，這是很好的決定，但這是妳的決定。所以，不要在星期五晚上躺在床上，責怪丈夫沒幫妳裝箱。不要責怪任何一個客戶不支持妳，就算其中一些人湊巧是妳的好朋友。

當人內心受到傷害時，往往會透過指責他人來發洩情緒，拚命尋找應對機制，方法通常是怪罪在別人身上。

妳可能無法相信，但當責其實就是解藥。「是我做了那個決定。」

妳也需要耐心。「我的生意要做上五十年，這只是其中一天不順利而已，算不了什麼。」

還有信念。「我還是會建立人類史上最偉大的藍莓果醬生意。」

最重要的是感恩。退後一步，明白一個事實：妳的女兒被欺負，被同伴逼著喝酒。那個晚上原本可能出現更嚴重的後果。想像一下，如果她死於酒精中毒，而妳是在凌晨四點接到同學父親驚慌失措的來電，才得知這個消息。爲了在隔天寄出貨物，妳決定留在家裡打包貨物，沒去接女兒。結果代價是什麼？

當妳並非出於恐懼而能客觀看待事情時，就能把問題焦點放在適當的脈絡上。妳花了大把時間製作藍莓果醬，卻收到客戶的退款請求，這種感覺當然很差，但跟那天晚上可能出錯的其他問題相比，這能排第幾名？

情境4的後續問題

「人在一時衝動的當下，很難感受到感恩心態。這時該怎麼做？」

很多人誤解了感恩，以爲該感謝的只有物質上的東西，像是一輛好車、一棟豪宅、一只名錶。

但是建立在簡單事物上的感恩才是最好的。我身邊的人們健康平安，我爲此感恩。很自然的，我每天都很快樂。我只在乎人們是否健康平安，其他一切都是次要的。

情境4的後續問題
「全職家長在創業時，該如何克服別人的評判？」

全職媽媽可能會從自己的母親那裡聽到這樣一句話：「我以前有很多創業想法，但我沒有去追求，因爲我想爲妳騰出時間。」但這種說法缺乏很多上下文意。也許母親當時的配偶有高收入，所以不用工作。也許母親的創業欲望並不強。

人們如果評判你，或把自己跟你做比較，他們未必了解你的人生究竟是怎麼回事，畢竟人生裡有太多變數。

小提醒

我知道自己在以上情境裡用些極端的「假如」為例，像是在參加會議途中死於飛機失事，或是女兒死於酒精中毒。雖然這種事看似不太可能發生，但這都是世界上真實發生的事情。我發現大多數人都專注於無關緊要之事，因為除非真的發生極端事件，否則根本不會意識到自己有多幸運。我為自己舉這些例子道歉，但會繼續這麼做，因為這就是我的風格。

情境5 該加入大公司還是大膽創業

你是頂尖商學院的學生，平均成績很高分，經營幾個學生組織，而且未來很可能獲得高薪工作。你的同學大多去投資銀行、顧問公司或矽谷科技公司面試。你相信自己也能找到這些工作，但去年夏天，你開設了一家電子商務商城，很想全職銷售連帽衣。線上商店目前每年只能帶來大約五千美元收入，而你還有六萬一千美元的學貸。你該怎麼做？

如果要投入自己想做的事，就必須先意識到世界會對你說「不行！」，也會感受到來自父母和朋友的壓力，而他們可能處於高收入地位。人們會針對你投入這三年、五年、十年或十三年的人生，說你「那些努力全白費了」，沒有好好運用對學位的投資。

我一直在談論「重新定義成功」，是因爲越來越多人開始相信我要傳達的訊息：每年賺十三萬美元並快樂地活，遠好過每年賺四十七萬美元但痛苦難耐。

如果你打算全職經營連帽衣生意，就得非常樂觀。你需要相信，十三年後所獲得的「金錢幸福比例」，會高過在銀行擔任高階副總裁。

屆時你需要把頑強和信念相結合，才能挺過所有低潮。這有點像在美式足球季後賽的關鍵主場賽事中，最後一次進攻。如果你無法達陣，八萬名觀眾就會對你發出噓聲。

你挺得住嗎？走這條路肯定會被噓，但是信念和頑強能帶領你走下去。

你也需要耐心。必須花上許多年「令人興奮」的歲月，線上商店才能從每年五千美元收入提升至更高的收入水準，你到時候才不會因爲揹著六萬一千美元貸款而感到焦慮。我說「令人興奮」是反話，因爲我在二十出頭時就投入家族生意，因此沒辦法像其他二十多歲的朋友那樣快速獲得事業成果。

在那些日子裡，我必須拿出耐心、頑強和信念。我眞希望當時有拍攝 vlog。希望每個人都能看到我當時每天做著多平凡的工作：每天起床後，在我爸的酒類賣專賣店裡待十五個小時；忙著在貨架上補貨；建立電子郵件聯絡名單；存錢。老老實實地工作。

人們認爲「快錢」才是答案。這是人生最大的戲法。自由來自極度的財富或極端的觀點。極度的財富其實極爲罕見，而且即使如此，許多人還是發現極度的財富其實並不是所有問題的答案。極端的觀點才能帶來眞自由。

情境6　粉絲增長遲緩，事業停滯不前

你是健身網紅，很早就開始在經營ＩＧ，更迅速獲得百萬追隨者，建立社團。然後你開始一門成功的生意：銷售高蛋白補充劑和健身衣。然而，隨著ＩＧ平臺從二〇一五年到二〇二一年的飽和，事業成長停滯不前，銷售額已連續六年下滑。你雖然很快獲得百萬粉絲，但六年後的數字只增加了一百七十萬。

從二〇一五年到二〇二一年的七年間，我們都觀察到以下變化：

1. Podcast 節目聽眾人數的爆炸式增長。
2. 「直接面向消費者」（D2C）的空間日益飽和。
3. 網紅行銷大規模成長。
4. 抖音、Clubhouse 之類新平臺出現。

在二〇一五年，一個在ＩＧ上擁有百萬粉絲的人，就是現代社會影響力最高的人之一。你如果處於這個地位，就能輕易地運用這些追隨者來發展新業務關係，或把追隨者引導至其他渠道來建立這些關係。你可以透過追隨者在 YouTube 或抖音上建立生態圈。你可以早早在 Clubhouse 上建立粉絲群。

這故事聽起來頗爲自滿，而這就是爲什麼當責和謙遜是應該運用的兩種重要成分。

如果你有成長的野心，在這種情況下就必須保持謙卑之心。從二〇一五年到二〇二一年，你的業務停滯不前時，可能看著其他人的粉絲數從五萬增長到五百二十萬，因爲他們制訂更有效的策略，執行得更好，或擁有更多才能。

如果你在成長過程中善待他人，你積的「德」就可能在這時回流來幫助你。但不幸的是，一個人處於巔峰時，往往對他人表現不友善或態度冷漠。但俗話說得好，你在走上坡時遇見誰，走下坡時也會遇見他們。如果那名粉絲人數從五萬增加至五百二十萬的網紅還記得你一開始對他的好，那麼你們之間的友誼也許能變成夥伴關係。

當責和謙遜能幫助你減少沮喪、憤怒和失望。如果意識到自身的弱點，並明白自己其實本來就不算特別，那麼當其他網紅開始表現優於你時，就不會感到震驚。如果接受了事實——當初是**你**決定不在其他社交平臺建立粉絲群——就沒有其他人可以責怪。當初是你決定只在ＩＧ上發展。事情你說了算，而且你在二〇二一年到二〇二七年之間還有機會改變事業走向。

在這種情境下，當責就能引導出樂觀，還有你給自己的善意。沒錯，你的生意是下滑了，但還是取得了令人難以置信的壯舉。沒有幾個網紅能在ＩＧ上獲得百萬粉絲、以此爲基開展業務。你的成就已經比地球上絕大多數人都高。

更重要的是，既然你成功過一次，就能再次做到。

有時候，能讓你發揮創造力的完美平臺會在對的時機出現。也許妳是模特兒，穿著比基尼擺姿勢或炫耀六塊腹肌，對妳來說再自然不過。ＩＧ是視覺導向的平臺，有著數量氾濫的模特兒和健身專家，因爲他們能在這裡炫耀自己的身體和健身成果。這可能就是爲什麼你在ＩＧ上的粉絲迅速增長到一百萬。可是

YouTube、抖音和 Clubhouse，需要展現某種專業技能。在健身方面，這可能意味著分享關於筋膜按摩、如何補充高蛋白或 Omega-3 之類的知識。

你還是可以在這些平臺上發展，但可能需要不同的創作策略。你可以保持謙遜；就算現在已經三十七歲，也能多多學習關於健康和保健的技術，這樣就能在十五個月內重建個人品牌的人氣。也許你可以把自己重塑爲「企業對企業」（B2B）的健身大師，每個月向客戶的公司收取一萬美元費用，提供對方所有員工都能使用的健身計畫。

最重要的是，你需要自知和野心。我原本把這個情境設定成關於「自滿」的故事，但也許這其實是關於「墜入情網」的故事。也許你決定在過去三、四年內建立人際關係，也不介意少花點時間在生意上。也許在初期階段，你爲了建立擁有百萬粉絲的社媒帳號而工作得太辛苦，很難找到生活平衡。也許你太執著於買賓士、第二個家，或是古馳名牌包，結果很容易感到職業倦怠。

但我認爲，許多人其實不介意自己的生意成長緩慢但持久。如果能在過日子的同時維持事業規模，就能在工作和生活之間取得更好的平衡。接受目前的生活方式，可能會讓你更快樂，而不是一心渴望在山上買棟更大的房子。

然而，如果在精神或情緒上並不充實，或許就不會意識到這一點。看著其他人的生意持續成長，你覺得自己落後了，沒取得目前的年齡應該取得的成就。這時候，你需要運用謙遜和自知。你未必想要其他人想要的東西。何必在乎其他人擁有什麼？

退後一大步，想想究竟是什麼原因拖慢了你的成長。是不是在哪裡下錯了棋？還是某件事因爲個人理由而不受控制？無論答案是什麼，都別介意。

如果錯在於你，這樣很好，因爲你能負起責任，保持樂觀心態，而且善待自己。你能扭轉並重新打造事業。

如果這方面脫離你的控制，這樣也很好，因爲還是能把善意集中在自己身上。出於個人原因，你不得不放慢腳步。如果其他「成功的」網紅或名人因此評判你，不要把他們的說詞當一回事。他們並不了解你，而且他們的抱負跟你的不一樣。不論原因是什麼，「自責」都不是辦法。

情境6的後續問題

「要怎樣從IG健身模特兒變成企業主？」

這種轉變對很多人都具有挑戰性，原因很明顯：從一匹馬變成一隻企鵝很不容易。

這兩者之間毫無相似處，截然不同。

沒錯，有些原本是名人或模特兒的網紅，確實成了高明的商人。但有些並不擅長經商。經商需要很多網紅缺乏的天賦和熱情，但因爲「創業」這回事被過度美化，結果每個網紅都想成爲CEO或營運長。

如果你在事業上苦苦掙扎，可能需要以謙遜的態度對自己說：「我雖然是很成功的IG健身模特兒，但眞的沒有做廣告或營運所需的熱忱。我需要合作夥伴。」

你如果能運用自知、謙遜和樂觀，就能找到合夥人，可以給他五％到四九％

的股權。自知和謙遜能引導你做出這項決定，樂觀則能讓你在審查合作人選之後信任對方。

你會比原本更快樂，因爲不再需要處理 Excel 表格，也不再需要建立生意所需的物流基礎設施。你的搭檔都能解決，你只需要繼續擔任名人，爲拍照擺姿勢、發布內容。

此外，擁有年收兩百萬美元企業的一半股分，絕對好過擁有年收入三十萬美元，但業績持續下滑的企業所有股分。

情境7 聽不懂別人在聊什麼話題

你的妻子在「新手媽咪」社團遇到一名女子，對方後來成了太太最好的朋友。這位女士邀請你和妻子出來雙重約會。有了新生兒後，你就很少出門，所以很高興能走出家門。但是你有點緊張，因為以前從沒見過這對夫婦。你在餐桌旁坐下後，妻子的好友夫妻開始談論NFT。但你根本不知道NFT是什麼。你該怎麼做？

開口問！運用謙遜。不要把他們當成一對只會談論怪東西的阿宅夫妻，或因爲不了解NFT就認爲這是場騙局。就算不感興趣，也該帶著善意傾聽，不要轉移話題。不要過度強調你不夠成熟的想法。

在這種情況下，好奇是最大的幫手。你可以回家後在維基百科和Google上努力做些功課。很多人都聽過朋友、同事或熟人談論一些新事物，這些東西原本可能爲他們的職涯帶來最大的突破，卻因爲自負而不願意花十幾、二十個小時來學習。在今天的世界，光是 Google 就能讓你走得更遠。

我就是這樣學習 NFT，看了一堆 YouTube 影片，並在推特上關注一些人，一週內就學到許多東西。而我取得的知識，將成爲一些大型 NFT 項目的基礎。

這就是好奇。

如果你在那場餐敘結束後回到家，在 Google 上研究 NFT，觀看了五十支 YouTube 影片，並在推特上關注五十個人，可能在一、兩週內就能改變自己的人生。我就是這麼做的。鄭重聲明，我就是多次在餐敘時談論新事物的那個人：

球員卡，被朋友和熟人們嗤之以鼻。

新創事業，被朋友和熟人們嗤之以鼻。

網際網路，被朋友和熟人們嗤之以鼻。

他們後來都用欽佩的眼光看我，更重要的是，他們的眼神帶有悔意。

好奇是種罕見成分，但如果能混合謙遜，就可能成爲最強大的力量。步驟詳述如下：

先拿出謙遜，保持好奇，在聽到不了解的事物時不要轉移話題。接著，維持充足的好奇心，並願意多多學習。再多添加一些謙遜，投入二十多個小時學習，而不只是兩分鐘。

最令我厭煩的一件事是，當我請人們嘗試新事物時，他們總會說「我沒有時間」。我發現那些聲稱自己「時間寶貴」的人，其實擁有最不值錢的時間。我雖然有著高成就，但發現自己還是能更好地運用時間，就算時間是有限的資源。創新是建立於好奇。

除了好奇和謙遜，也需要耐心和信念。創新需要時間。我在二〇二一年學習NFT，但我認爲NFT大概要再過十年才會眞的成爲主流。

情境8 你比資深同事還快晉升

任職公司的高層主管注意到你的頑強和潛力，因此將你晉升為管理職，你必須領導一個小團隊。其中一名員工喬治，年紀比你大十五歲有餘。他在這家公司的資歷比你久。從你們最初的互動中，能看出喬治對你擔任經理的能力缺乏信心，而且他認為自己比你更擅長做決定。你該怎麼做？

新上任的經理解決這種情況的方式，通常是跟朋友們出去玩、喝酒、慶祝升職，而且在背後取笑喬治。這令我難過。現在想到這種事，還有點情緒激動。如果是我被晉升到這個新的管理職，第一個想到的人就是喬治。他眼睜睜看著比他資淺的員工升職，心裡一定很難受。他現在感覺如何？他的野心是什麼？我怎樣才能讓他站在我這邊？

如果換作是我，能輕鬆地引導喬治，因爲我會運用同理、善意和謙遜。不會試著向他、我的老闆或其他團隊成員，證明他不該懷疑我。偏偏很多人在這種情況下都會試著證明喬治是錯的。面對懷疑時，不安全感浮出水面，跟喬治採取對抗的態度，而不是運用情感成分。

無論是透過正式還是非正式溝通，我都會讓喬治知道我站在他這一邊。至於哪種溝通方式最好，則取決於你的風格。你可能傾向於跟他一起共進早餐兩小時，以建立融洽關係。對我來說，我會採取充滿暖意的行動。

在我身爲經理的第一次團隊會議上，我會說：「各位，喬治是對的。別忘了，他在這裡已經很久了，他的經驗在這裡很重要。要不是觀察過喬治做過的一些事，我今天就不會在這裡。我在很多領域會需要仰賴他的專業知識。」

如果你在會議中說出這些話，而且喬治事先不知道你會這麼說，那麼這些話的影響力可能高過任何一對一談話。你如果只在共進早餐時跟喬治說，他可能會認爲你只是在處理「必須做的事」。

我和雷格哈夫以及大衛．洛克（我團隊的一名攝像師）談論這件事時，他們的反應非常強烈；我從他們臉上看得出來，我描述的反應觸動了大夥的敏感神經。相信大多數關於管理和領導力的書籍，都會說正確的答案是「跟喬治坐下來談談，解決眼前的所有問題」，但我認為我引發的反應更為眞實。

你可能是那種喜歡一對一坐下來跟喬治談的人，如果這是你的風格，當然沒問題。但我想傳達的是，商業不是非黑即白，重點是灰色地帶，而且充滿微妙之處。

我們來讓這個情況變得更困難：假設我以新經理身分執行的第一個專案失敗了，喬治開始在背後對每個人低聲說「我早就說過他不行」。

這反而會讓我感到興奮，而不是洩氣。堪薩斯城酋長隊在二〇二一年擊敗了水牛城比爾隊，得以角逐超級盃時，我很高興。他們在那場比賽初期以九比〇落後，這種比數令人害怕，但是球員派屈克・馬霍姆斯要大夥冷靜。他對大家說：「我們能贏。」

我也會做出同樣反應：九比〇？很好。二十九比〇？很好。七十八比〇？很好。

透過自知，你會發現自己心裡混雜著多少不安全感和自信。如果感到不安，就難以在艱困的情況下運用善意。

如果缺乏自信，你的個人情緒就會變得太過沉重，本能反應就是取笑喬治來支撐自己，而不是花時間去了解他的痛苦。

情境9 團隊某成員工作表現沒其他人好

你注意到團隊中的員工莎莉有很強的潛力和才能，但她表現得還沒有其他成員那麼好。你試著以身作則，向她展示如何正確完成工作，但她似乎無法理解。你該怎麼做？

首先，你需要承擔起管理者的責任，意識到自己犯了錯。幫別人做他們該做的工作，這幾乎從來不是正確答案。

在當事人沒有參與的情況下做好對方的工作，絕對不是正確做法，這在人類史上毫無例外。我不喜歡用「毫無例外」這幾個字，但這是事實。你如果幫一個人做好他該做的所有工作，他就不會成長，尤其如果他沒有參與過程。

小時候，都是我媽幫我洗衣服。後來上大學，開始獨立生活，聽見人們問「你什麼時候去拿衣服？」時，我真的聽不懂他們在說什麼。

我甚至不知道洗衣籃是什麼。我沒開玩笑。我甚至不知道洗衣籃的存在，因爲小時候會把所有衣服直接扔在地板上，它們在第二天就奇蹟般地變乾淨。此外，我的移民家庭永遠不可能花錢買洗衣籃。我的乾淨衣物總是摺好放在椅子上。

我母親是了不起的女人，努力的全職媽媽，沒人幫她，也從沒請過女傭。但在「讓我學會怎樣自己洗衣服」這方面，她還是沒幫到我。

你如果完成了某人的工作，而且沒讓那人參與，對方就沒有機會發展技能。在上述情境中，莎莉將永遠學不到如何靠自己來完成專案。此外，經理會產生怨恨，這可能導致莎莉被解雇。管理者意識到這點時可能爲時已晚。

與其幫員工做好工作，你該運用自知來規畫如何教導員工。「教導」是指你如何「賦能」（empower）他人，讓他們能靠自己執行。這能讓你把自己的才能擴展出去，不用凡事親力親爲。

首先，你是不是一個好老師？還是因爲祖父或阿姨是個好老師，所以你以爲自己也是個好老師？

接下來，退後一步，看清楚自己的優勢。例如，我的公司從未有過正式的培訓系統。我比較喜歡透過所謂的「潛移默化」（osmosis）來教導新員工。換句話說，隨著時間推移，員工透過我散發的活力與合作來培養技能，這有助於組織更快速發展。儘管如此，在撰寫本書時，我的 VaynerX 和范納媒體確實正在建立內部培訓能力，因爲我們有超過一千名員工。在這種規模下，潛移默化的自由流動性質不一定能擴及整個公司。

如果你不是好老師，也許該跟人事部或經理商量，聘請外部培訓師，像是供應商、專業機構或特定人員。

接下來是許多領導者感到爲難的部分：允許莎莉「失敗」。你在這時候必須運用樂觀心態。樂觀能建立信賴，而在訓練人員時就是需要信賴。你如果讓莎莉「贏得」你的信任，而不是預先給她信任，她就會步步爲營。想擴展公司，辦法就是賦予團隊成員決策權。

如果莎莉眞的失敗了，該運用當責和自知，承擔責任，並找出你提供反饋的方式。就我個人而言，我喜歡在人們犯錯時給他們一些刺激和逗趣的挖苦。他們會哈哈大笑，而且還是能理解我想表達什麼，場面也不會過於苛刻。如果我從員工的反應看得出來挖苦沒發揮預期效果，可能會安排時間進行一對一談話，把訊息表達清楚。我也必須確保我的挖苦沒被理解成「被動式攻擊行爲」，或是需要透過「善良的坦率」來清除的怨恨。

也許你的風格比較適合立即安排一對一談話，如此一來就能透過「善良的坦率」來說出反饋意見（我最近越來越傾向於這種方式）。

管理者能否建立成功的團隊，差別就在於樂觀心態。我經常聽一些人抱怨他們的員工，但和他們一起喝了十五分鐘的調酒後，清楚發現他們的不安全感、恐懼和憤世嫉俗才是核心問題。有些經理認爲，如果提供太多培訓，員工就會離開。有些人擔心員工遲早會犯錯而造成不良後果，所以他們對「員工能做什麼、不能做什麼」施加嚴格限制。有些管理者太過自負，壓制下屬，以免員工因爲「太」成功而離開公司。有些經理甚至認定員工正在試著從他們身上竊取機密。

如果你總是對下屬進行微觀管理和限制，又怎能發展自己的領導職涯？這麼做等於限制了**自己的**潛力。

總是有員工離開我的組織團隊，去創辦自己的公司跟我競爭，或爲其他競爭對手工作。但我的公司還是瘋狂成長，因爲我並不害怕員工離去。事實上，我會進一步推動欣賞的員工，我在彼此的關係中會給予他們更多的影響力。

有很多企業主和經理很難讓公司成長，因爲他們不會教導員工。他們沒辦法教，是因爲他們不信任員工。他們無法信任，是因爲他們天生憤世嫉俗，心懷恐懼而非樂觀。「缺乏信任」會導致管理者幫員工做好功課，結果產生怨恨和失敗。

我在本節列出的許多情境中，你會注意到我的預設觀點是「豐盛」：我認爲到處都是機會。

如果莎莉搞砸了，你承擔了責任而被解雇，首先必須善待自己，然後帶著信念和頑強再找一份工作，甚至可能拿到更高的薪水。身邊的幾個同事可能已經看到你對莎莉的信任、你爲她的錯誤承擔責任。他們會記得你，以後可能成爲你的事業夥伴。

一定會有人看到你的表現。積德絕對不吃虧。

你在香料架上準備好這十二又二分之一種成分，就能處理任何場面，意思就是隨時都能轉守爲攻。如何處理某個狀況、做出反應，由你控制。你沒有恐懼的理由。

情境10 被一件惱人的事打亂一天計畫

有個客戶發電子郵件給你，言下之意似乎對產品感到失望。你取消了下一場會議，以便直接打電話跟客戶交談。你發現客戶其實並沒有感到不滿意，你只是誤解了信中內容。你鬆了口氣，但這件事打亂了一天。你該怎麼做？

類似的事情昨天就發生在我身上。

我收到范納媒體創意團隊的幾個人發來簡訊：「我們能不能談談？」他們和我共事很久，所以覺得有些不對勁。我提前結束一場會議，當場跟他們倆進行視訊，導致下一場會議遲到五分鐘，而這場會議很重要。

這場會議的效率比我希望的要低一些。在接下來的兩、三個小時裡，視訊內容一直在腦海中盤旋，直到我跟想與之討論的團隊成員開會。在那兩、三個小時裡，我的會議進行得並不好，因爲心思在別的地方。腦海裡的心事「打亂了我的一天」。

我其實原本可以在下星期或其他時間安排跟那兩名員工見面，而不是立即跟他們視訊。但我因爲想立刻知道眞相而運用當責，我知道這是我做出的選擇。在這個意義上，當責就是「接受現況」的途徑。我既然做了想做的決定，又怎麼會不高興？

你如果把一個客戶或員工擺在比自己高的位置，這絕對不是錯誤的想法。添加一些樂觀心態也會有幫助。即使一天被打亂了，這也只是許多日子當中的一天。一年裡有三百多天，而且你的漫長職涯裡有很多年。不要因爲糟糕的一天，糟糕的一星期，甚至糟糕的一年來評判自己。

情境10的後續問題

「在收到突如其來的負面電子郵件後，有沒有什麼辦法能讓你的一天保持正常？你要如何避免接下來的一天被打亂？」

我之所以不太喜歡電子郵件，原因之一就是書面文字可能會被誤解。書面形式完全無法傳達語氣。人們閱讀電子郵件時，心中的不安全感、悲觀或樂觀會影響理解度，而「誤解」就可能打亂接下來一整天的時間。人們在閱讀書面回饋時，會受到精神和情感狀態的影響。

在這本書中，我試著幫助你了解自己。我有足夠的自知，所以知道如果有個員工跟我說哪裡不對勁，就一定無法專注於接下來的其他會議。我越快解決問題，接下來的一天就會越有效率。其實對我來說，當場和那兩名員工視訊通話，要比等到下星期再開會更實際，雖然這確實使得接下來幾場會議的效率降低。

但這還是效率最高的做法。

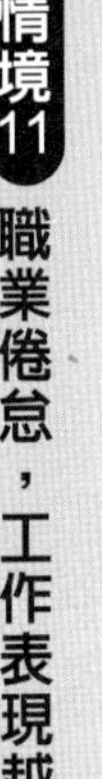

情境11　職業倦怠，工作表現越來越差

你是頑強的員工，渴望在組織中證明自己，獲得晉升。然而，工作幾年後，你想減少工作量，有更多時間休息。你很難向管理者說明心理健康的考量，因為「職業倦怠」感覺像是禁忌話題，而且你可能不得不在職涯中退後一步。與此同時，你的工作表現也越來越差。你該怎麼做？

無論是在什麼時候閱讀這本書，相信你對這幾年的新冠肺炎疫情一定印象深刻。

這種情況經常在人們適應遠程工作環境時發生。視訊會議和其他遠程工作方式創造出顯著效率，但有些員工難以適應。他們沒辦法出門和同事一起喝咖啡，也沒辦法在飲水機旁多花幾分鐘跟朋友交談。

雖然遠程工作提高許多組織的生產力，但我還是認爲那些飲水機閒聊對公司文化和袍澤之情很重要。不幸的是，隨著公司組織虛擬化，世界各地的員工失去了這種特權，許多人在家工作時難以找到平衡點。人們發現自己的工作量遠比以前多，而且其中一些人還要同時照顧孩子，疲勞和倦怠因此更常發生。

在這種情境下，我會運用兩個看似彼此相反的特質：耐心和野心。

野心是個美麗的特質，但就和其他成分一樣，如果缺乏平衡就會缺乏效用。耐心能幫忙讓野心取得平衡。

你如果是個年輕又頑強的員工，很自然地會擁有雄心壯志。如果培養出耐心和野心，你會意識到自己在**今年**並不需要獲得重大升職。你可以等一、兩年再晉升到下一階段職位或獲得下一次加薪，而且你還是能擁有充實的職涯發展。

耐心能幫忙減少壓力。人們給自己施加龐大壓力，就為了滿足一個隨意決定的時程表。他們認爲自己必須在二十二歲、三十歲、四十歲、五十五歲或六十五歲時，在職涯上達成一定成就。可是快樂不重要嗎？

如果你在努力工作一、兩年後想稍微放慢腳步，任職的公司就因此將你妖魔化，那你顯然是在錯誤的地方工作。

另一方面，如果員工懶惰了整整一年，這可能會造成許多長期問題，導致主管需要透過「善良的坦率」來提供反饋。然而，如果努力工作兩年後，在二十七歲的年紀訂婚，需要多花一點時間來安排婚禮，公司就不該對你的放慢腳步做出批評。

我希望更多的領導者注重的是員工績效的全貌，而不是問「你最近爲我做了什麼」。在我的組織裡，人們可能會孜孜不倦地工作一段時間，然後有一段時間比較被動。你在工作上投入多少時間，取決於工作的收穫、職涯所處的階段、個人生活中發生什麼事，以及許多其他因素。領導者在評估員工績效時，需要公平以對，綜合審查。

如果生活在這樣的情境中，而且害怕因爲向主管表達你的擔憂而被解雇或譴責，就該考慮換一份工作。如果你心懷大志又頑強，那應該有辦法爲自己多製造一些選擇。你也許能找到一份薪水更高的工作，或是一份薪水較低，但能在工作與生活之間取得平衡的工作。

透過省錢，你就能給自己帶來更多機會。許多員工成了月光族，就因爲他們靠手上的積蓄和二十三萬七千美元的年薪，在丹波區（DUMBO，全稱是 Down

Under Manhattan Bridge Overpass，「在曼哈頓高架橋下」，位於紐約布魯克林區的時髦街坊）或舊金山市中心買了公寓。他們一旦給自己戴上手銬，就很難願意把年薪降低到每年十五萬美元，爲一個更有趣的工作承擔更少的責任。

令我難過的是，人們選擇了虛假的奢侈品，而不是「幸福」這種眞正的奢侈品。只要生活得更謙遜，就能在經濟上後退一步。你可以找薪水少八千美元的工作，但有更多的閒暇時間與家人共度。你可以花幾個月或幾年時間來建立副業，而不是在下班後總是感到疲倦。

如果一家公司只看你最後一次擊球的成績來評估你的績效和潛力，那麼就該去別的地方發展。

情境12 人力不足好想辭職，難以啓齒

你在人力不足的團隊工作。你和主管談過這件事，他們一直說會雇用更多員工，但這幾個月根本沒出現變化。你承受很大的壓力，正在考慮辭職、去另一家公司工作，以便在工作和生活之間取得更好的平衡。然而，你很喜歡你的同事，不想因為辭職或拒絕加班而給他們帶來更多壓力和責任。你該怎麼做？

對許多面臨人手不足問題的員工而言，很容易得出一個結論是，「管理層確實懷有惡意」。管理層「可能」眞的下意識或有意識地壓榨所有員工，也許只是還沒開始招聘合適的人。我身爲執行長，這些年來了解到，在招聘新員工時如果只顧速度，但欠缺周全考慮，往往會給團隊帶來更大的傷害。這個情境中的管理團隊可能正在尋找合適的人，只是你不知道而已。

他們也許正在處理你不知道的麻煩事。也許某個前雇員提起訴訟，害他們忙得焦頭爛額。也許團隊裡有兩個人其實表現不佳，需要先接受培訓，管理團隊才能聘雇更多人。也許你其實在保護那兩個表現不佳的員工，因爲他們是你的朋友，你不想看到他們被解雇，但這降低了團隊效率。

在這種情況下，員工很難對主管產生同理心，但一場富有同理心的對話能揭露潛在的問題。你可以和老闆安排一次會議，對他說：「嘿，我們人手不足，這對團隊造成了負擔。以前討論過這個問題，但我知道自己並不清楚目前狀況的來龍去脈。我不知道你的世界正在發生什麼事。你能不能幫我了解這究竟是怎麼回事？」

用「善良的坦率」、好奇和同理的態度說出這些話，而不是洩氣的態度，就能取得進展。視這場會談的進展而定，你有兩個方向可走：

方向一：判定你的工作只是正在經歷艱難時期。就像對待兄弟姊妹或配偶那樣，可能會因爲跟他們吵架而度過一段艱難時光。雖然工作環境不是家庭，但有些同事最終會變得像家人，而且你可能要經歷三個月、六個月或十二個月的不理想環境。人們通常不會考慮這種可能性：只要耐心等候七個月，問題就會自行解決。你可能正在越過一段崎嶇不平的路，而前方就是一片美好。

方向二：你可以選擇辭職，另外找一份工作。照顧隊友固然是好事，但你也得把自己和家人照顧好。

事實上，你在抱怨某件事時，等於容許它在心理上影響你。我建議運用當責，讓自己能夠決定下一步要怎麼走。我們所在的文化中，許多人會因爲「享受」而遭到責備。我們責備某人，是因爲自己的不安全感和痛苦。如果你買得起這本書，而不是從網路上看盜版，就證明你有能力辭掉工作。

情境12的後續問題

「可是同事該怎麼辦？我在團隊人手不足、工作壓力大的情況下辭職，這麼做是正確的嗎？」

如果我在精神上和情緒上都疲憊不堪，也沒辦法給同事帶來任何價值。在我看來，你能給某人的最大禮物，就是別把你的包袱放在他們的肩上。在這種情境下辭去工作，其實非常令人欽佩。「換工作」其實是表達善意的方式，因爲你現在不會因爲怨恨和沮喪而拖累別人。

以下是我在處理這種情況時會採取的步驟：

1. **當責**：「事情在掌控之中，我有能力做出決定」→消除受害者心態。
2. **同理**：「我並不清楚目前狀況的來龍去脈」→使你避免責怪你的老闆。
3. **好奇與善良的坦率**：「那麼，究竟是怎麼回事？」→爲建設性對話鋪路。
4. **當責**：「我可以留下或離開」→讓自己有能力做出決定。

如果我決定離開，我會和老闆再次談話，採用「善良的坦率」語氣：

我祝你一切順利。我知道你正在經歷一段艱難時期。不幸的是，我發現了對我和家人而言更好的機會，我覺得自己現在該採取行動。

爲了別的機會而辭職時，不要在同事面前貶低公司。你也許有幸得到另一份工作，但隊友可能負債累累，可能對自己的能力缺乏安全感。優雅地走出去，不要讓蘇珊或瑞克因爲留在原本的公司而心情更差。

情境13 父母反對你創業成立粉絲團

你是年輕的創業家，正在社群媒體上發展以你的愛好為主題的粉絲團，但父母覺得你在浪費時間。你以前的創業紀錄就是虎頭蛇尾，所以他們認為你現在也在走老路。你一直試著向父母解釋這麼做是為了長遠的發展，但他們似乎不明白。你該怎麼做？

如果是我處於這個情境，會直接採取同理和當責。

如果你一開口就跟父母談起以太坊（Ethereum）、球員卡、成爲職業電競選手，或成爲網紅，他們會覺得你在講外星語言。成爲社媒網紅，或是成立線上商店的這些概念，相對較新。爲什麼大多數的父母都難以理解這些選項的務實性，答案顯而易見：因爲他們小時候沒有這些事物。

不論父母對你的夢想和野心有何評論，他們確實愛你，這就在他們的DNA裡。但就像其他人一樣，父母要麼信心十足，要麼缺乏安全感。

我對爲人父母者都懷有同理心，因爲他們也是人生父母養。你可能在生你媽的氣，但有沒有仔細觀察外婆是怎麼養大她的？你有沒有想過母親可能在童年形成的不安全感？如果你因此生外婆的氣，你有沒有想過**她**的父母是如何撫養她？

當責至關重要，因爲在這個情境中，你有過不良紀錄。這就是爲什麼接下來這句話是更多年輕人需要牢記於心的：閉上你的嘴。

一般人喜歡花更多時間宣布自己將變得多麼富有和成功，而不是實際建立事業。如果你有一張大嘴巴，而所有人都指責你的大麻生意或服裝生產線失敗時，你需要承擔起責任，因爲是你害自己招致批評。

對我來說，我之所以不閉嘴，是因爲我不需要任何人的肯定。事實上，世人低估我的能力時，我會異常興奮。然而，如果你的心態是「別人的意見多少還是會影響你」，那該靜靜朝著野心努力。

不幸的是，我從年輕人那裡收到這類電子郵件和私訊中，發現他們十分之九都是靠父母養。父母補貼他們的生活，像是幫他們支付房租或健身房費用，甚至在經濟上支助他們的生意。如果你從父母那裡連一塊錢也不拿，就不需要得到他們的肯定才能繼續事業。你不會覺得一定要在短期內安撫他們。

你只要靠自己站穩，就擁有了一切需要的施力點。雖然你得搭地鐵而不能老是叫 Uber 代步，可能得住在更糟糕的公寓裡，但這總好過在心理上被父母控制。

情境13的後續問題

「我認為『對父母感到不滿』是很好的動機。我難道不能把『日後向父母證明他們錯了』當成燃料嗎？」

就算不運用我這十二又二分之一種成分，或是運用跟它們相反的成分，很多人也能獲得短期成功。不安全感、恐懼、憤怒和恨意……這些都能有效驅使一個人在短期內賺到錢。如果你生氣，想對這個世界報復，當然可以把這種情緒當作燃料。

問題是，這能持續多久？更重要的是，你最終會幸福快樂嗎？這些情緒成分是永續成功的基礎。憤怒和不安全感能帶來短期激勵，但很少能長期支撐你。在某些情況下，隨著時間的推移，它們會在精神上把你帶向黑暗面。

就像《星際大戰》裡那樣，黑暗面也有贏的時候，只是贏得沒有絕地武士那麼多，而且絕對無法贏得最終勝利。

情境14 客戶一聽到價格就謝謝再聯絡

你正在建立提供客戶服務的生意。你一直在向新的潛在客戶推銷，發現他們一開始總是很興奮，但一提到價格，通常就謝謝再聯絡，而且再也沒聯繫。你以前有些客戶樂於支付費用、對你拿出來的工作成果感到滿意，但你不確定要如何持續找到新客戶。你該怎麼做？

在這個情境中，發生了三件事的其中之一：

1. 你對拒絕的人耿耿於懷，而且你需要尋找其他客戶。
2. 你推銷時沒有運用同理和謙遜，所以客戶看不出跟你做交易有什麼好處。
3. 市場出現了調整，如今客戶只願意付你一百美元而非兩百美元。

你需要運用的成分如下：耐心、自知，還有信念。

必須保持信念，相信你每次提供拍照服務價值兩百美元，每次理髮價值一百美元，每次造景價值四百美元。同樣的，請運用自知和謙遜，來確保你的信念不是基於妄想。你有能力要求客戶付那麼多錢嗎？還是你打算打腫臉充胖子，直到眞的成了胖子？

如果你是喜劇演員，我會很想聽你說你相信一定會在《週六夜現場》上取得成功，成爲世上最紅的喜劇演員之一。同時，你是否有足夠的自知，知道自己是不是眞的很好笑？你是否眞的有成功所需的基礎才華？如果沒有，你是否願意彎下身來保持謙卑，承認事實？

我，GaryVee，永遠不可能成爲NBA球員。不論我多麼熱愛籃球，不可能就是不可能。人貴自知，才能知道你的才華和技能是否值得要求客戶付出的價格。

情境14的後續問題

「我知道自己收取的費用對得起我的價值，但客戶還是想殺價。我該怎麼做？」

運用當責。你永遠可以說「不」。

我在上個月就說「不」超過四十次，因爲那些演講活動拒絕支付我想要的費用。我其實想多做些演講活動，但由於時機、保護品牌和其他一些因素，我決定不接受較低的費率。

如果你對客戶願意支付的價格覺得不滿意，也可以跟他們討價還價，或拒絕合作。

但最重要的一點是：你如果決定答應時，務必表現得好像他們付了你雙倍的報酬。

很多服務供應者要價兩百美元，後來願意只拿一百美元，結果一直悶悶不樂。他們對客戶產生抗拒心態，因爲心懷怨恨而拿出低品質服務，而且一直自責不懂得談判。結果他們的品牌聲譽受到影響，因爲他們拿出不合標準的工作成果，也因爲沒人喜歡愛生悶氣的人。這導致你的口碑不佳，從而導致更多客戶不願支付那麼多費用，或是根本不需要你的服務。

如果你要價兩百美元，後來同意一百美元，你該把這當作三百美元。在敲定價格之前，你有權利整理情緒，一旦同意報酬的價格，你所有的失望、憤怒和怨恨都必須消失。你必須用頑強和樂觀來取代那些情緒。只有透過這種辦法，才能在未來再次賺到兩百美元。

你在這時候也必須運用感恩、謙遜和善意。如果你原本每小時收費三百五十美元，後來同意只收三百美元，你並不是輸家，客戶也沒有「整到你」。你該慶幸每小時賺到三百美元，而且善待自己。有多少人能每六十分鐘就賺到三百美元？這筆錢多到誇張好嗎！

運用謙遜，感激他們願意付錢給你。

情境15 工作表現很好但薪水太少

你已經在一家公司工作了幾年。周圍的人很欣賞你的工作，但你仍然覺得自己拿的報酬太少。你知道公司正在削減預算，所以不想表現得不體貼，但考慮到你為公司帶來的價值，你覺得自己應該拿到更多錢。你該怎麼做？

我會走進老闆的辦公室，帶著善意和同理的態度說出以下這句話：

嘿，我不想表現得不體貼，我非常感謝你在這個組織裡給我的機會，但我認為我其實值XX價錢，而且原因如下。

老闆會說出自己的看法。

談判不需要對峙的氣氛。你可以和善地告訴公司你想要什麼，他們也能表明自己是否有同樣看法。然後你在答覆時，可以運用當責、耐心、信念、謙遜和感恩。

如果老闆拒絕，而這家公司值得的話，我可以留下來、工作得更努力，也可以平靜地離開公司，另找一份薪水更高的工作。感恩和謙遜會幫助我接受老闆的答覆，然後我會運用當責和信念來採取行動。如果留在公司裡，卻成天抱怨沒獲得加薪，就眞的是在浪費時間。

這本書能幫你的，是讓你知道掌控著人生的人只有你。除了合約協議規定的內容之外，老闆並不欠你什麼。公司沒有義務把你的薪水提升一倍，或讓你比你的主管更早升職。這類待遇是取決於你提供的價値。任職的公司時刻評量你，但你也該爲自己評量這家公司。你該評估管理層是否有能力做出明智決策和判斷。如果覺得另一家公司更適合你，可以試試另謀高就。

你如果怨恨自己的工作、將其視爲監獄，那其實是怨恨自己做出的決定、害你被困在這份工作裡。你怨恨自己買不起房子或汽車。你其實在怨恨自己的憤世嫉俗和不安全感，而它們讓你無法嘗試新事物。你所在的國家，應該不是我父母長大的共產俄羅斯，正在閱讀這本書的人一定都有選擇權。

情境15的後續問題

「談判時為什麼要運用善意？不是應該具有侵略性嗎？」

人們在感到恐懼時，往往會把「對抗」跟「攻擊性」搞混。人們在談判時，會害怕無法獲得想要的成果，害怕聽到對手提出的坦率說詞。

但事實是，大多數人已經知道眞相，坐在左手邊的設計師，才華是優於還是遜於自己。大多數人都知道，坐在右手邊的人是不是比自己更努力工作。

這種事心知肚明。很多時候，人們只是不願承認事實，不願扛起責任。這就是爲什麼很多人喜歡抱怨，因爲這是他們用來處理傷痛的應對機制。在這本書裡，我試著讓你愛上這十二又二分之一種特質，好讓你不再抱怨，控制自己的人生，**眞正**做出一些成績。

情境16 想和專業人士建立好關係

你踏上了一條新的職涯之道。為了獲得經驗，你在 LinkedIn 上傳給一百位高階主管訊息，希望有機會直接在他們底下實習。其中五人回覆了你，其中一人想安排時間在電話上多談談。你很興奮，想確保能給對方帶來價值，建立關係。你該怎麼做？

有些人接受了自己無法爲其帶來價值的工作或實習機會，因爲他們想獲得短期結果，無論是金錢還是認可。但在這時候，你需要耐心來平衡你的信念、頑強和野心。

假設打電話給你的是位時裝設計師。

換作是我，我會在電話上詢問對方究竟需要哪方面的協助，並運用自知來判斷自己是否合適。你在面對新機會時，該考慮的不僅僅是頭銜和金錢，而是你能否勝任那個角色。

如果這位時裝設計師說我必須管理行程表，但我知道自己並不擅長注重細節的工作，那麼我會用「善良的坦率」說出以下的話：

我雖然活力充沛，但有時候會遺漏一些細節。如果在錯誤的時間幫你安排一場會議或弄丟一份文件，這會不會影響你對我的評分？我只是想誠實地告訴你，我有點迷糊。如果犯錯，那你過了兩個星期就會忘了這件事，還是你會像《穿著Prada的惡魔》那樣對待我？畢竟生意是你的，所以我只是想事先說清楚。

很多人都不願意承認自己的毛病，尤其如果花了整整兩天時間寄出一百封應徵信，花了五個小時追蹤後續，才終於接到一個你敬佩的人的來電。

可是我如果接受這份工作，我知道自己會在第一個星期就在排行程上出問題，我會在Excel表格裡輸入錯誤資料。你如果明知自己粗心大意，卻還是接受了「行政助理」的職位，這將破壞你在時裝設計師眼中的印象，比「一開始就說實話，另尋工作機會」更糟糕。

我需要足夠的耐心和樂觀心態，來告訴自己會得到更多的工作邀約。如果時裝設計師說「注重細節」是在她那裡實習必須要有的工作能力，那麼我可以頑強地向業界其他人寄出更多應徵信。我只需要付出更多努力。

人們接下明知道自己做不來的工作，是因爲他們對自己「能獲得更多工作機會」這一點缺乏安全感。

常有人私訊我說：「可是蓋瑞，我已經累壞了！我花了五個多星期尋找實習機會，現在好不容易找到一個。你叫我不要接受這個機會，根本是在說風涼話。」

鄭重聲明：我並不在乎你要不要接受你找到的機會。我不知道你是什麼樣的人、有著什麼樣的狀況，但我知道的是，你如果因爲迫切需要工作而接受了明知自己做不來的工作，那麼在六週後被解雇時，會產生更大的自尊問題。

人們經常自欺欺人地說：「我要學會成爲注重細節的那種人。」

他們懷抱著帶有妄想的希望，在自知上打了折扣。如果你的工作表現完全取決於「能改善多少缺點」，你就不該接受這份工作。

情境16的後續問題

「如果你接受了工作，但在三週後意識到這是個錯誤，你該怎麼做？」

太多人勉強留在一家公司裡，是因爲他們的父母或職業輔導員說，「辭職會在履歷表留下不好的紀錄」，但這是人類史上最大的謊話。

如果以後的公司問起爲何辭職，你可以解釋說，你憑著自知而意識到之前那家公司並不適合。工作三週後發現自己無法爲公司帶來價值，所以你謙虛地辭職了。你根本無需爲此感到丟臉。

如果你覺得這麼快辭職「怪怪的」，如果你覺得這麼做對任職的公司來說不禮貌，那可以提前多問幾個問題，以確保你擔任的角色符合你的能力。徹底弄清楚你要做什麼、你的同事是誰，而且這家公司想實現什麼目標。

情境17 發現合夥人挪用公款

你和鮑伯合夥做生意，彼此各占一半股分。你和他一起工作了很長時間，自認為知道他是什麼樣的人。鮑伯為公司帶來很多價值，他的技能與你相得益彰。他一直和會計師合作，管理公司的財務；你盲目地把這部分業務完全交給他，自己則專注於為公司增加收入。有一天，鮑伯突然說他要給自己額外的獎金，所以你決定親自聯繫會計師，查看公司目前的財務狀況。你發現他好幾個月來一直在挪用公款，拿來支付個人購物、度假、家庭裝修等費用。你該怎麼做？

說眞的，我在這時候首先會想：**這是我活該**。

企業是靠數字運轉。我雖然愛鮑伯，雖然一開始可能會覺得失望和受傷，但我會運用的第一種情感成分是當責。我明明每天都能聯繫會計，隨時都能查看公司帳務，我卻沒這麼做。

當責就是化解怒氣的解藥。生氣、覺得自己像個受害者……這麼做絕對不是好辦法，因爲這無法爲談話鋪路，但這是大部分的人會立即出現的反應。當責會讓我覺得比較好受，讓事情在掌控之中。

與此同時，我也不會因爲沒有跟會計核對帳務而自責。我顯然不是那種喜歡天天監控財務狀況的人，而是喜歡積極爲公司賺取收入。自知讓我明白我不喜歡監控數字，而且信任一個擁有這些技能的合作夥伴。這麼做沒有任何問題。

我不會對此事耿耿於懷，不會罵自己是笨蛋、像個白痴一樣被人占便宜。

信不信由你，我這時候其實會擔心鮑伯，例如：他的婚姻是不是出問題？他的孩子是不是生病了？還是碰上中年危機？得了什麼絕症，所以現在只想享受人生？是不是還有什麼情況是我不知道的？

不要把這種樂觀心態跟「天真」或「妄想」搞混。在這種情況下運用樂觀，並不意味著天真地相信鮑伯是「偶然」偷錢度假，而是相信你還有可能挽救這段合作關係，相信鮑伯也許能提出合理的解釋。這可能只是我認識的這個人做出了什麼令人誤會的舉動。**無論你這些猜測是否屬實，從這個角度出發就能爲一場**

「安全的對話」鋪路。

如果你的反應只是發怒，這麼做只是讓鮑伯有理由爲自己辯解，而這就無法爲一個積極的結果鋪路。

我建議你用以下的開場白：

嘿，鮑伯，我相信這件事一定有什麼原因。那些文件看得我莫名其妙，但我們已經合作了很長的時間。我搞不懂你爲什麼用公司的錢去卡波聖盧卡斯度假、支付居家裝修，或是私人飛機旅程。請讓我了解。我是不是誤會還是遺漏了什麼？

這能改變一切。你如果運用同理和當責，就給了事業夥伴（他可能內心很痛苦）一絲喘息空間，放下心防，向你坦白。

合夥事業中有很多人面臨過類似的輕率行爲，但透過寬恕解決了問題。有些合夥人在經過類討論之後，反而建立更好的夥伴關係。發生這種狀況，不一定表示合作關係到此爲止。也許之後你會意識到自己能接受現狀，繼續合作下去。

同樣的，有些人完全無法放下，也無法繼續合作。如果你是這種人，這麼做也完全合理。你可以考慮要鮑伯離開公司，買下他的股分，要他還錢，或採取其他行動。你們談過之後，可以再次運用當責，做出決定。

對我而言，如果決定放下這件事，我和夥伴的關係還會跟以前一樣嗎？當然不會。我會不會開始密切注意公司財務？大概會。我能否設置系統通知，在公司出現存款和取款時發出簡訊提醒？當然可以。

重點是，讓自己處於「能依據自己的條件做出決定」的位置。你不需要因爲自己在世人眼中「被占了便宜」就終止合作關係。你如果無法放下怨恨，也不需勉強自己留在夥伴關係裡設法解決問題。

當你在玩自己的遊戲，規則就由你製訂。這些情緒成分讓你獲得控制權，做出想做的決定。

情境18 同事離職創業，該跟著去嗎

你是個年輕人，在叔叔的公司工作。你有兩個前輩，查爾斯（你主管）和莎拉（你主管的主管），你和這兩人密切合作，也很敬佩他們。你所屬的銷售團隊有七十名成員。

某個星期一早上，你走進辦公室，發現兩個前輩都離職了，去創辦一家跟你們競爭的公司。你婉拒他們的邀約，因為不想離開叔叔的公司。你被推上領導大位，帶領五十八人的銷售團隊（因為其中十二人也跳槽去了另家新公司），你現在正在努力制訂行動計畫。你該怎麼做？

先從自知和同理開始。同理能幫助你了解這五十八人團隊的感受。也許有些人想爲查爾斯和莎拉工作，但沒受到邀請。有些人可能想留下來，因爲他們喜歡叔叔公司的穩定性。有些人可能曾被邀請但決定留下來，因爲他們忠於組織。

同理將有助於建立信心，並激勵團隊。這將在接下來的六個月或一年裡，尤其是接下來的六到十週，在情況不明朗時發揮至關重要的作用。

自知能幫你理解如何領導。很多人在進入管理職位時犯的錯，是試著表現得像之前的主管一樣。如果查爾斯和莎拉是用更自由的方式主持會議，但你需要更多的標準程序，那就不需刻意模仿前人的做法。你可能沒有他們那麼有魅力或外向，在溝通時也沒有那麼強烈的信念，在用字遣詞方面可能不如他們流暢。儘管如此，你還是可以當個堅強的領導者。

不是每位領導者都需要性格外向、散發活力。如果運用自知、謙遜和同理，就能表現出你和前任領導者不同之處。

例如，在那個星期一早上，你可以召集整個團隊開會，說出這樣的話：

我知道我很年輕。如各位所知，這是我叔叔的公司，我從小就在這裡。對於查爾斯和莎拉的離開，我和其他人一樣感到難過。但現在，我的責任，我們的責任，就是打敗他們。

這就像體育比賽。就因爲他們離開了，並不表示他們是我們的死對頭。

這並不表示我們跟他們必須爭個你死我活。關於他們，或是跟著一起離開的那十二人，我們不需要討論跟他們有關的流言蜚語。在接下來的三個星期裡，我不需要聽到「我們團隊的強尼是不是跟那家公司的人互傳簡訊」之類的傳言。

球隊本來就會交易球員。有時候球員會離開，有時候會加入其他球隊。我並不是說這種過程很有趣。如果噴射機隊的球員跑去愛國者隊，那確實是勢不兩立的敵對關係。可是這真的是問題嗎？

我們現在也許跟查爾斯和莎拉成了競爭對手，但那只是在生意上。凱倫的丈夫約翰去了另一家公司工作，但他是你最好的朋友，你還是可以跟他繼續維持交情。

沒錯，我們想在商業領域擊敗他們，但也不需要把問題鬧大。你們還是可以和去那家公司的人做朋友，包括查爾斯和莎拉。

但與此同時，記住，各位現在穿著我們的球衣。既然各位穿著我們的球衣，就記得我們正在試著痛宰對方，也痛宰任何跟我們競爭的人。我們不需要把這個狀況政治化，搞得氣氛很怪，但我們確實需要把產品推銷出去。

情境18的後續問題

「晉升管理職後，需要培養哪些技能？」

不論你做哪一行，情緒智能有幫助，但對管理者更有價值，因爲管理者會影響更多人。如果必須管理員工或團隊成員，你的情緒技能和失敗就會被放大。你如果開發了這十二又二分之一種成分，或欣賞的其他成分，人們會注意到的。相對來說，你如果沒開發這些能力，人們也會注意到。

你的技術能力可能優於其他管理者，但如果缺乏樂觀，在擴展團隊時就會碰上挑戰。你如果缺乏同理，就很難凝聚人心。你如果缺乏好奇心，在創新方面就會比別人慢半拍。

情境19 副業收入不穩，無法辭掉正職

你在大城市的金融公司工作，每天都討厭出門上班。你有家庭，所以必須維持足夠收入來維持一家人的生活。你雖然討厭工作，但確實能賺到錢。另一方面，你一直在寫部落格，評論所在城市的義式冰淇淋餐廳，而透過部落格賺到的錢開始能讓你放心辭掉工作。後來，Google改變演算法，很多人因此看不到你的網站，你在這方面的收入大幅下降。你該怎麼做？

如果我一直以來只依賴Google演算法，沒透過社媒內容或其他途徑（例如新聞或郵件廣告）來建立品牌和流量，這也是我應得的下場。我原本應該透過LinkedIn、IG、抖音等平臺來獲得流量，所以必須承擔這部分責任。

接下來該運用的是樂觀。

在這種情境，我其實已經達成許多成就。我在大城市的一家公司賺了很多錢，而且我顯然有能力建立副業。我會保持樂觀心態，因爲花了幾年時間在

Google上建立起來的東西，換作在社群媒體上會更有效率。我會開始構建「多元流量生成器」，基於幾個社群媒體渠道、電子郵件、合作機構、網紅，並且建立我的SEO（搜索引擎優化）備份。

自知在這時也能發揮重大作用。我身處這種情況下顯然很不高興。原本以爲能擺脫不喜歡的工作。這時我會和配偶談談，表達對這一切的感受，也許我會想暫時搬出大城市，來減少開支。我住哪裡可能不是那麼重要，尤其因爲新冠肺炎疫情。我會運用自知，重新考慮和家人是不是一定得住在這麼昂貴的區域。

這可能意味著我需要花更多時間通勤，並說服老闆讓我遠距工作，每週只進公司兩天，因爲新冠疫情使得人們更願意接受這種工作模式。我能忍受每星期兩天花兩小時通勤，在其他日子住在生活費較低廉的地方，經營我的副業。

又或許，你可能喜歡住在城裡，喜歡去餐館，喜歡玩到凌晨一點，這當然也沒關係。我可以繼續和家人一起住在城裡，拿更多錢出來應付開銷。只是必須運用耐心，接受事實：我可能需要更久以後才能辭掉工作。

情境20 負責的團隊績效吊車尾

你在公司裡擔任銷售經理，帶領的團隊表現不佳。在過去三個季度裡，你的團隊在組織的整體績效屬於後段班。現在這個季度，上層已經警告過你，團隊如果再不進步，你很可能會被辭退。你該怎麼做？

我會立刻認定這是我的錯。即使員工表現不佳，我也是他們的領導者。我可以控制自己如何管理、領導部屬。如果我的團隊表現不佳，我唯一該做的就是照鏡子。

憑著當責，才會扛起一切責任。與其想著「我眞希望團隊更聰明」，或是「莎莉成績比我好，是因爲她得到最好的人才」，我其實可以主動做決定。我會採取的第一步，是評估底下每一個銷售人員。誰是最弱的環節？有沒有哪個員工對團隊造成不良影響？哪些員工成績最好？

我會和團隊安排一次場外會議（在公司外面開會），深入討論可以做些什麼來改善環境。意思就是採用同理，退後一步，了解團隊裡每個人心裡的動機。

這也需要謙遜。在范納媒體，我眞的不認爲員工欠我什麼。我的工作是把他們放在能獲得成功的位置上。我的工作是向他們證明我在乎。重點不是雇主和員工之間的交易，不是期望他們因爲拿到薪水而努力工作。他們拿到薪水又怎樣？他們可以去任何一家公司領薪水。這就是爲什麼我總說是「我爲員工工作」，而不是反過來。

在這個情境中，也許我發現團隊喜歡競爭，他們也喜歡在內部彼此競爭。也或許其中一些人更喜歡發展深厚的袍澤之情。驅使他們的動機是什麼？他們想在職涯上達成什麼目標？

這場對話可以有很多方向。例如，我可能會發現，團隊中的優等生其實就是團隊整體表現不佳的眞正原因。營收成績最好的人，可能散發「有毒的態度」，使其他員工每天都感到痛苦，討厭上班。

如果是這樣，我會透過「善良的坦率」對那人提出反饋。對方的態度如果還不改善，我願意承擔營收上的損失，將那人解雇。這麼做可能會使團隊整體表現下降五成，但切除了惡性腫瘤，就可能促使團隊其他成員補上那五成的損失。

團隊中可能也有表現不佳的人，需要在銷售技能方面接受額外培訓。我會回歸基礎，確保每個人都了解如何銷售，甚至親自示範，以幫助他們改進。

我這時候會大量運用好奇心，因爲好奇會帶來創意。很顯然的，在這個情境中，我需要一個構想來激發團隊活力。這可能來自我和他們交談時學到的東西。例如，如果我發現團隊成員其實喜歡互相較勁，我可能會來一場小遊戲，讓他們彼此對抗。如果他們喜歡培養袍澤之情，我可能會舉辦視訊聚餐，或在某人家中舉辦晚宴，建立更密切的互動關係。

情境21 行政事務龐雜卻沒預算請助理

你以經理身分制訂策略，將百分之十到二十的上班時間拿來處理注重細節的行政工作。問題是，你意識到自己做事不夠有條理，遇到很大的困難。你常常錯過別人寄來的電子郵件和邀約活動，但沒有聘請助理的預算，而且你注意到底下成員因為你的粗心大意而感到沮喪。你該怎麼做？

不論你是企業家還是員工，你的職涯都可能遇到許多情況，必須管理上司和部屬之間的溝通。

在這種案例，弱點使得你跟團隊成員之間產生摩擦，你的上司可能也注意到這問題。在這種時候，自知和謙遜能讓別人感受到你的好意。這兩種成分能讓其他人更容易對你產生同理心。

自知不僅能幫助你發現自己的長處和短處，也能清楚表明你在哪方面還能改進。只要認清自己的弱點，謙遜就會自然而來。你如果有自知而且謙虛，就願意承擔責任，而不是責怪團隊成員，或對錯誤耿耿於懷。

當責能幫助你在任何組織晉升。有些人年復一年停留在同個職位上，因爲他們的主管有意識或下意識地認爲他們只會抱怨、無法解決問題。你如果願意扛起責任，就會在同事和主管面前拿出解決方案，而非抱怨連連。

換作是我，首先會採取的行動是和老闆安排一對一面談，而且會事先想好解決方案。

在開會之前，我會跟部屬進行一對一面談，問對方：「嘿，你時間夠不夠，能不能幫我處理一些行政工作？這種工作你有興趣嗎？」

如果這個人在目前的職位上表現得不夠理想，對他而言就可能是個機會，或許能在行政工作上拿出更符合自身優點的其他能力，而且可能對整個組織更有價值。

調整團隊成員扮演的角色，會比去拜託老闆花錢雇用助理更實際。就算我獲得批准、能聘請聽命於我的行政助理，也必須對那些地位跟我一樣高，卻沒有行政助理的其他同事運用同理心，否則這可能會產生更大的組織文化問題。

如果我和兩、三個部屬談過後，找到辦法把某人百分之十的時間用於處理行政事務，在跟老闆會談時就會覺得更自在。

情境21的後續問題

「如果老闆不喜歡你提出的解決方案，而且說你要自己想辦法，你該怎麼辦？」

好，我們先假設老闆這樣對你說：「不能讓部屬來幫你管理工作行程表。」

我這時會率先採用耐心和樂觀。要麼提出另一個主意，要麼讓自己更注重細節。也許我認爲自己已經接近「夠好」的水準，而且想改善自己。如果我自認對「變得更注重細節」完全沒興趣，也可以頑強地去其他公司找工作。我在這方面其實抱持樂觀態度，相信自己能找到一份薪水比現在更高，或雖然更低、但工作環境更適合我長才的工作。

例如，也許找到擔任汽車銷售員的工作，因此更享受生活，因爲我不再把百分之十或二十的時間花在做討厭的行政細節上，也不再把剩下的百分之八十或九十的時間拿來爲那百分之十或二十的時間感到焦慮。有趣的是，「在適合我的工作上全力以赴」，會帶來更好的表現和更多快樂，最終讓我更可能獲得升遷和大幅加薪。

情境22 有不少人追蹤你但還沒有客戶

你有自己的公司，這兩個月一直在社交平臺發布音訊、影像和文章內容。你注意到不少人開始追蹤你，但你還沒透過社群媒體獲得任何客戶。你試著了解自己是否走在正確的路上，該繼續前進或是調整策略。你該怎麼做？

在這個情境，我會使用每一種情緒成分。

對地球上每個人而言，最重要的機會就是透過社群媒體來跟其他人交流。在最受關注的十二到十五個平臺上創建內容，是獲得機會的最佳途徑，不論你是想找一份新工作，發展事業，還是競選市長。

我會動用香料架上所有的調味料：

・**感恩：**我會很感激有機會對全世界說話。詢問你的祖母，她當年是怎樣爲一家企業吸引客戶。她以前在哄孩子們睡覺後，或在下班回家後，晚上從事什麼副業。網際網路給現代人帶來了無數機會。

・**自知**：我會自問發布的內容是否符合個人優勢？你沒受到關注，也許是因爲你不該寫部落格，而是應該拍攝自己。也許你想模仿我在社群媒體上的高能量（high-energy）影像內容，但你性格內向，在拍攝時會覺得不自在。你也許比較擅長寫作。我也希望自己擅長寫作，但做不到，所以我運用自知，此刻和雷格哈夫共處一室，透過話語來撰寫這本書。

・**當責**：知道一切責任都在自己身上，這種感覺眞的很棒。意思就是，如果想處理任何問題，一切操之在你手中。

・**樂觀**：說出「我明天就會發布一篇文章，這將改變我的事業發展」，遠比說出相反的話更有趣。對自己說「我永遠找不到有效的發文內容」，就是一種自我限制的預言。

・**同理與謙遜**：我會問自己：「人們爲什麼應該看我的影片？他們有其他事可做。我算哪根蔥？」串流平臺上有無數影片，我只是其中一人。

・**信念：**承上，我也知道自己發布的影片最酷。這就是爲什麼你應該聽我說話。信念的意思是，對自己正在創造的內容有信心。重點是相信自己知道一些其他人不知道的知識，像是關於法律、造景、葡萄酒，或是下棋。

・**善意：**我在嘗試新事物時，絕對需要對自己釋出善意。我正在如此嘗試。

・**頑強：**目前爲止只試了兩個月。我顯然需要維持決心。沒人在第一次揮棒就能轟出全壘打。大多數人在最初的五十次、五百次，甚至五千次揮棒都無法取得突破。我在YouTube創建《葡萄酒文庫電視秀》頻道的初期，根本沒人看我的影片。我甚至透過電子信向訂閱者發送影片連結，但還是沒人想看。打造事業需要時間。

・**好奇：**說眞的，我在這個情境應該不需要用到好奇心。

・**耐心：**如果你在社群媒體上關注過我的內容，就會知道我多麼注重耐心。耐心和頑強互補。我需要耐心，才能熬過五百甚至五千次揮棒。

・**野心：**我會自問：「究竟爲什麼要發展這項事業？」

其實，我剛剛想到能如何運用好奇：

在事業和生活上，我眞的抱持很強烈的好奇心。我對這個世界能產生多大的影響力？我的事業能成長多少？我能獲得多少人欣賞？我的生日會不會成為國定假日？

重點不是自負，而是發自內心的好奇。這是驅使野心的動力之一。我會忍不住問自己：「我能對社會產生多大的影響力？」

這本書有「十二又二分之一」個情商槓桿，三年後的續作會不會又變成了「十六又三分之二」？會不會有更多情感成分開始應用在我的人生上？

我很好奇。

你也很好奇。你發表的下一篇文章，會不會最終被改編成 Netflix 的節目？

情境22的後續問題
「你會用哪些情感成分，來分析哪些內容在社群媒體上有效果？」

我首先會運用自知，然後是當責。

你如果有自知之明，就會願意看見眞相。從這裡，你不僅能看到黑白，也能看到灰色。

黑白就像定量數據（quantitative data），例如你有多少追蹤者、多少人按讚、每一篇發文能獲得多少評論。

灰色則是微妙細節。你是否覺得正向？是否獲得了內在動力？你是否覺得自己走在正確的方向上？

我會把定量數據用於驗證，藉此得知我是否正在成長，但這對我來說是次要的。

如果我覺得自己走在正確的路線上，如果我喜歡目前的感受，就會非常開心。這就像上健身房鍛鍊，而且注重飲食。你只要開始這麼做，就知道自己走在正軌上，感受會讓你知道。這就是所謂的灰色。

你永遠能監測黑白部分，像：是否長出肌肉？你上廁所的時間是不是更規律？隨著時間推移，你會看到能夠測量的實際結果。

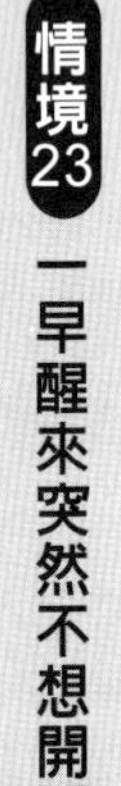

情境23 一早醒來突然不想開門做生意

你經營自己的生意已經有一段時間。你真心喜愛正在做的事。這門生意帶來的收入讓你能辭去原本的工作，並且你很享受發展公司的過程。你心懷大志，想繼續讓公司擴展到更高層次。然而，你在某個星期二早上醒來，就是不想開門做生意。你該怎麼做？

我們來談談「評斷」這回事。

我相信這本書的每個讀者都會點頭同意：一個人對某人做出評斷時，往往缺乏對於對方的完整了解。你在評斷某人時，通常只關注對方的一些特定行爲或行動。你並不認識那個人，而就算認識，也通常不知道對方的私生活發生了什麼事。想了解一個人在童年有何經歷，就需要耗費好幾年時間，但你並沒有這麼做。你對於對方的人生沒有完整的了解，並不表示不應該透過「善良的坦率」來讓人們爲自己的行爲負責，但爲此評斷他們是不明智的行爲。

一個人如果嚴厲評斷他人，往往也會對自己的人品和行為做出最嚴厲的評斷。我們太喜歡自責。想善待他人，首先得善待自己。

如果處於這個情境，我會告訴自己：「我一直在努力工作，只是今天缺乏這種動力。今天早上稍微放鬆一點也不會怎樣。」

許多心懷大志的創業者，也會在某個星期二覺得日子很難熬。我也喜歡「忍受難熬」，運用自知來評估某個日子是否適合繼續忍下去。

這就像鍛鍊身體。一年大約三百二十天的體能鍛鍊中，我在其中的兩百九十天真的很不想練了，但我知道，只要能熬過一開始的五或十分鐘，就會進入「心流」狀態。經過大約六年的紮實鍛鍊後，我最近對自己放鬆了一些，在真的不想鍛鍊時偶爾會休息一天。這對我來說是健康的做法。

也許你在開始享受所做的事情之前，必須先把自己拖下床，鞭策自己五到十分鐘。又或許，現在如果鞭策自己就會感到倦怠，而你真的只需要休息一下。只要不影響生活，我覺得更多創業者其實應該允許自己在起床後，對著自己說：「嘿，我決定今天看一整天動畫。」

情境23的後續問題

「休息到什麼程度會變成懶惰？」

在一年大約兩百五十天的工作中（不包括週末），大概有七到二十三天會心想，**我受夠了工作！**

而這可能出於幾種原因。我有時候會被四、五或六個令我失望的事件同時影響。我算是能承受打擊的人，但如果挨了巴斯特・道格拉斯那種拳擊手在年輕時揮出的拳頭，還是會應聲倒下。這種事不是沒發生過。

在這種日子，我會運用感恩、謙遜、頑強和樂觀。感恩讓我能客觀看待每一個事業問題：家人是否健康？如果是，那我已經贏了。謙遜讓我對自己在世界上的地位感到自在。我得謙卑下來，知道自己也得挨拳頭，我在這方面並沒有比別人特別。感恩和謙遜讓我有適當的心態來吸收壓力，頑強和樂觀讓我能轉守爲攻，解決問題。我週末會放下工作，在度假時完全不上網。這種「斷線時間」爲我找回生活平衡。

你隨時都能選擇回去工作，就算意興闌珊。但請記住，重點不是你投入多少時間，而是在那些時間裡投入了什麼。

例如，你可能必須處理個人生活中的悲傷事件，像是祖母被診斷出患有絕症，就算情緒上很痛苦，想休息一段時間，但你還是頑強地去上班了。在這種情況下，就有可能把心中的傷痛轉移到同事身上。你在這天可能覺得生氣、沮喪或「帶刺」，可能會因此使得你和同事之間產生長期的問題。如果某個同事沒能正確傳達訊息，你因此朝對方破口大罵？如果有個員工想談談私人問題，但你因爲滿腦子心事而聽得心不在焉？

不論是什麼狀況，我在此情境下會試著善待自己，如此才能成爲更堅強的領導者。如果因此請假幾天，這樣很好。如果因此一整天都在打混，這樣也很好。我不會評斷自己。對我來說，最重要的是善待那天跟我互動的每個人，無論是供應商、客戶，還是最重要的我的員工。

耐心是祕密成分，有助於平衡野心。不要讓野心使你陷入負面的心理空間，每天都過度分析自己的工作績效。在接下來的一年、五年或十年裡專注於你的旅程，要比擔心自己是不是偷懶了幾天更有價值。也許今天缺乏效率。也許這個月都缺乏效率。又或許發生了什麼重大事件，影響了一整年。關鍵是先對自己友善、有耐心，並意識到自己還剩下多少時間。

如果家人被診斷出患有疾病，而你需要爲此抽出個人時間，這麼做是對的，不該爲此感到內疚。如果你只是在某個星期二早上醒來，發現今天天氣很好，所以決定不想工作，而是寧願在海灘度過，也不要爲此評斷自己。

如果你發現自己總是想休假，那該運用自知，評估一下你是否還喜歡經營自己的事業。然而，不要高估你在某一天的工作產能。整體旅程才能更準確地反映你的走向。

情境24 招聘員工不順，影響公司發展

假設你有一家正在擴大規模的小公司，你正試著聘請助理來管理工作行程。然而，你聘過的五個助理都在幾個月後辭職，或因為表現不佳而被解雇。這方面的協助斷斷續續，導致擴展公司的速度比預期慢。你該怎麼做？

我意識到，我對當責的執著，遠比以爲的更強烈。

因爲雇用助理的人是我，所以首先要明白的是，這都是我的錯。我不能因爲員工表現不好或沒有留下來，就責怪或評斷他們。我需要更深入地審視招聘流程，或是領導方式。

在當責和樂觀之間取得平衡也很重要。我聘過五個助理，但地球上有數十億人。我只是試了五次沒成功，這並不表示永遠不會成功，或沒辦法讓過程變得更好。

話雖如此，如果五個助理都辭職或被解雇，就需要看看自己哪裡做得不對。也許我在訓練過程中耐心不夠。也許我的溝通方式需要調整。也許我需要在面試中表達得更明確，這樣他們才會知道工作內容究竟是什麼。他們的反應能幫助我對未來的招聘做出更好的判斷。

我在招聘第六任助理時，會在談話中運用謙遜，描述我身爲主管的缺點，甚至說說在過去聘用五個助理時發生的恐怖故事。我可以一開始就分享自己的觀點，描述我認爲之前的招聘爲何都不順利。謙遜能讓我說出更有深度、更有成果、更完整的對話，這將幫助我判斷哪個應徵者最適合。

你如果在這種情境透過當責和謙遜做出反應，經歷過的損失其實能讓你在未來的道路上獲得更大的勝利。審視自己的個性、缺點，以及能如何創造更好的面試流程來找到新助理，就能重拾樂觀心態。因爲之前的經歷，我會樂觀地相信，下一任助理會在公司待六年而不是五個月。

情境25 同事搶走你的工作表現機會

你努力試著在主管眼中建立個人聲譽，因為你想獲得晉升的機會。但在過去幾星期裡，同事瑞克經常找你麻煩，還直接完成你負責的工作，你不確定他這麼做是有意還是無意。你覺得他好像下意識地想搶走你的工作。你很沮喪，覺得他的行為會限制你的職涯發展，剝奪你被主管注意到的機會。你該怎麼做？

在商業和生活中，人們常常妄下定論。

舉個例子：很多人認爲，擁有自己生意的人一定賺大錢。你看到生意人鮑伯擁有豪宅、賓士、公司有三十個員工，所以認定他日子過得很爽。但你沒看到他車貸快繳不出來、公司獲利下降、貸款繳得多辛苦。鮑伯沒有把這些事公布在IG上。

這個世界缺乏同理心，因爲我們其實並不清楚彼此生活中發生什麼事。鮑伯的員工可能因爲沒加薪而怨恨他，但他們不知道的是，他其實一直拿自己的老本投入公司裡，就爲了免於破產。

員工可能會說：「鮑伯那個王八蛋有一輛賓士。」

但事實是，鮑伯即將失去那輛賓士。

我不是說你必須把鮑伯的幸福看得比自己更重要，而是在做決定時運用同理而非怨恨，將會改變一切。你並不完全了解同事的生活，所以何必用負面態度跟他們對峙？

回到一開始的情境，我們確實很容易懷疑同事瑞克圖謀不軌。可是如果運用同理，會意識到瑞克其實就跟你一樣，只是在努力耕耘。他想在事業上大展拳腳，也想照顧家人，他正在做出他覺得爲了追尋成功而必須做的事。你又何必因爲有人爲了追求理想而驚慌失措？

（抱歉我扯遠了，但在這裡提到這些，是因爲覺得老闆們不該因爲員工要求加薪而生氣。我認識很多這種老闆。你的員工**本來就應該**要求加薪！他們工作是爲了養家活口。你如果覺得正確答覆是拒絕加薪，當然可以說不。）

自知和同理也在這裡一起發揮關鍵作用。也許瑞克確實是出於不良意圖而越界。又或許，你工作態度散漫，瑞克是在幫你擦屁股。也許你的野心是全然自私。也許瑞克只是想打發掉多餘的時間。

如果你缺乏安全感而且憤世嫉俗，就會認定瑞克想毀掉你。如果你有自知和同理，明白他在盡力而爲，就會開始和他交談，而不是堅守原本的看法。

情境25的後續問題

「你會怎樣跟瑞克談？你會說什麼？」

跟同事溝通時如果運用同理、當責、自知，還有一點好奇，就能獲得非常好的效果：

我欣賞你展現的頑強、信念和野心，但你這麼做有點影響到我。我們有沒有什麼辦法能解決這個問題？你的工作量夠不夠？你喜不喜歡手上的工作？你是不是想多做些我在做的工作？我是不是有什麼可以改善的地方？

在這次談話後，也許可以退後一步，意識到這其實是個機會，能讓自己從事更感到興奮的項目，因爲瑞克可以分攤目前的一些工作量。也許我決定需要承擔責任感，提升自己的表現。如果我還是覺得他越界了，可以跟主管或人事部談談。

在此情境中，許多員工會認定主管沒注意到正在發生的狀況。在我的公司范納媒體，曾經有員工走進我的辦公室，抱怨另一名同事越界，他們很驚訝地聽到我也認爲那人有不良意圖。身爲主管的我其實也一直默默觀察。

情境26 新同事取笑資深同事

你正在和幾個認識你很久的員工一起創建新公司。他們因為多年交情而喜歡你的為人、個性、意圖，以及你想在這個行業實現的目標。你聘雇的新員工感到驚訝，因為他們發現你那些老夥伴非常在乎你。你注意到新團隊在背後取笑元老團隊，說他們「被洗腦」「被灌了迷湯」。新員工很有才能，所以你想留住他們，但不希望他們破壞公司文化。你該怎麼做？

很多組織爲員工創造了糟糕的工作環境。不幸的是，很多執行長、經理和領導者並沒有使用這本書（或他們自己）的十二又二分之一種成分。出於自身的不安全感，他們無意間在工作場合製造政治圈和恐懼感，所以員工在加入新組織時會爲了保護自己而抱持懷疑態度。

人們害怕失望，不想信任一個主管，或深愛任職的公司，以免日後感到失望。我能理解這種既期待又怕受傷害的心態。

新員工加入范納媒體，看到我和已經在這裡工作了八年、十年或更長時間的員工關係如此密切時，我感到非常謙卑。偶爾有哪個新員工認爲老員工被洗腦時，我不會生氣，反而覺得受寵若驚。每次注意到這種事在公司裡發生時，我總是感到謙卑。

信不信由你，我在這時使用的最強大的成分之一，就是耐心。如果我的老員工眞心深愛這個組織和環境，那麼新員工遲早也會喜歡這裡。新員工之所以抱持懷疑態度，是因爲他們還不完全了解公司。

無論待了七個月還是兩年，他們都會知道這裡的員工沒被「灌迷湯」，而是只有喝水。水有益於所有人的健康，包括新員工。

情境26的後續問題

「可是新團隊取笑其他人被洗腦。這不會破壞公司文化嗎？你會如何處理？」

撰寫這本書讓我樂在其中，因爲我能感覺到自己對這類情境的反應跟幾年前相比有所不同。現在的我擁有「善良的坦率」。

我會安排一對一面談來幫助新團隊適應，而不是放任上述情況發生。我會跟每個新員工見面，對他們說：

嘿，我完全理解你爲什麼會有這些想法。我和那些舊員工共事了好幾年，他們熟悉我，我也熟悉他們。我之所以聘用你，是爲了在幾年後，你會和他們一樣對這裡的工作環境有著同樣感受。隨著時間推移，我會讓你明白這裡的員工沒被「灌迷湯」。這裡只有水，單純卻有益身心健康。這份責任在我身上，不在你。如果你對我或這個組織還沒有信心，我也完全尊重。可是我要求你善待資深員工。

在經營范納媒體和建立個人品牌的過程中，我在現實生活裡處理過這個令人頭疼的問題。如果新員工擁有非常好的父母，或是天生樂觀，就更容易採取信任的態度。這種員工會願意立刻相信我和范納媒體的文化。如果一個人因爲父母、社會、過去的公司或其他不好的經歷，而容易感到悲觀，就傾向於發自內心對我的爲人和個性產生抗拒心態。他們看著我散發的能量和樂觀態度，心想，他一定會令我大失所望。

我對此總是回以同理。如果身爲執行長的你眞的有著良好意圖，如果你正在運用這十二又二分之一種成分，抱持懷疑態度的員工就遲早會改觀。不論你取得多少成就，能贏得人們的信賴就是不可思議的回報。

情境27 團隊成員意見不合

吉姆和約翰都是你的員工。吉姆喜歡直截了當地傳達反饋意見，而這讓約翰覺得不愉快。約翰說吉姆對他說話總是不禮貌，吉姆則說約翰總是拐彎抹角批評他。因為家裡的教育方式，吉姆相信要批評某人就該直言不諱。假設你是他們的主管，你會怎麼做？

很多主管在面對這種情況時會感到沮喪，原因是缺乏耐心。在此情境中，耐心是有幫助的，因爲解決兩個人之間的分歧需要時間。這可能不是透過一場會議就能解決的問題。

我在跟吉姆和約翰會面之前，會先仔細考慮能做出哪些決定。也許我可以把他們倆分開，安排他們加入不同團隊。如果其中一人明顯是問題根源，在收到反饋後也沒有改正行爲，我可能會考慮解雇他。但我會樂觀地認爲，他們只是觀點不同，並沒有惡意，而這點分歧可以解決。

我會帶著樂觀、信念和「善良的坦率」語氣來主持會談：

聽著，約翰、吉姆，問題只是暫時的。就算你們在過去每一次談話中都遇到問題，我們現在正在努力解決。既然我們現在坐下來談論這件事，你們之間的分歧就不會永遠持續下去。我並不是說這場會談能讓一切變得完美。你們可能還是會發生磨擦，但只要機率從百分之百降至百分之十，就有了成果。我知道你們從一開始就有點八字不合，但這點會改變。

想想一般主管在這種情況下通常會如何回應。根據我從社群收到的訊息和電子郵件內容，相信很多主管會說：「你們兩個需要解決這個問題，否則我要讓你們其中一人離開。」

這在商業界是常態，令我震驚的是人們竟然接受這是正確答案。原因是短期思維、缺乏耐心，也缺乏善意。解決問題的方式非得這麼冰冷？主管就不能好好愛護員工二十分鐘？主管爲什麼不讓員工感到安心而非恐懼？

假設主管告訴約翰和吉姆，他們倆必須自行解決這個問題，不然就是其中一個走人。結果問題嚴重惡化。吉姆可能開始盤算如何扳倒約翰。爲了保護自己，約翰可能開始說吉姆壞話。因爲壓力更大，兩人工作成果也跟著降低。

想像一下，如果主管讓他們覺得更安全，他們在工作上會變得多有效率。他們可以專注於自己的工作，而不是應付公司政治。

請記住，這本書的主題不是心理治療，而是商務。以不同方式運用這十二又二分之一種成分，能幫助你建立在情緒方面更有效率的團隊，進而提高公司獲利。

情境28 同事拒接工作

你爭取到一位大客戶，這將為公司帶來很大占比的收入。你和這客戶有私交，該公司的人員信任你，首要任務是讓一切順利進行。你派出最頂尖的團隊來接待客戶。然而，你的員工蘇珊出於道德原因而反對與該公司合作。她告訴你，她想退出這次專案計畫。你該怎麼做？

我在建立范納媒體的過程中，其實經歷過這種問題四、五次，每一次都相當棘手。

我首先運用的是同理。我會問自己：「我會不會因爲客戶所在的行業或銷售的產品，而拒絕與客戶合作的機會？」如果答案是肯定的，就必須對我的員工感同身受，正如員工因爲自己的宗教、社會或政治信仰而產生的感受。

在過去，我在「我們跟誰合作」這方面做出主觀決定。我放棄了一些大客戶，因爲我不相信他們的產品或服務。所以，如果有員工想採取同樣態度，我就不能當個僞君子。

如果你盲目地認爲「錢就是錢」、你願意接任何案子，那麼在這個情境中至少還有個理由。但別當個僞君子。

每當這種情況在范納媒體出現，我都會跟提出異議的員工坐下來，進行有成果的談話，我想知道對方爲何有這種感受。我其實很好奇，是什麼原因讓他們想退出。

身爲領導者，需要弄清楚蘇珊究竟出於什麼原因不想參與。她所謂的道德因素會不會只是藉口？她是不是其實累了，覺得倦怠？還有其他原因嗎？是不是有什麼確實合理的因素？

和蘇珊一對一坐下來好好談，問她：「嘿，跟我多些一些。告訴我，妳爲什麼沒辦法參與。我想弄清楚原因。」

然後你會來到一條岔路。蘇珊也許會說出具有說服力的理由，也許不會。如果這場談話讓你感到好奇，可以花時間探索自己對該話題的感受。

另一個可能，是蘇珊提出薄弱的論點，無論你如何試探也給不出任何好答案。也許她只是看到推特上某個標題，在欠缺深思熟慮的情況妄下判斷。也許她只是缺乏心力和時間，而且她有所隱瞞。也許她缺乏自信，覺得自己沒能力承擔工作。

這時，你必須做另一種決定：你是否支持蘇珊？是否願意配合她，讓她不用參與這次專案？是不是有更大的問題等著你處理？你在處理的是一個人的職涯，而且是你支付薪水，你接下來該怎麼做？

假設蘇珊拿不出令人信服的理由，但你還是決定讓她退出案子，找莎拉來代替，完成這個項目。一切都很順利，但有天在茶水間，你在無意中聽見蘇珊說莎拉是個爛人，因爲她竟然跟那個客戶一起工作。你現在該怎麼做？

如果以前遇到這種情況，我會運用當責，開除蘇珊，否則會產生錯誤的樂觀心態，以爲事情會自然而然過去。在這種情況下，雖然她欠缺令人信服的理由但還是拒絕參加某個專案，我也如她所願了，她卻玷汙公司文化，並試圖貶低莎拉，這讓人完全無法接受。

然而，如果是現在的我，會在一對一面談先用「善良的坦率」：

嘿，蘇珊，很高興見到妳。聽著，我得老實告訴妳。在這個客戶的計畫案爲何違背妳個人信念這件事上，我覺得妳沒有給我非常令人信服的理由。我了解妳不喜歡客户的品牌，但我覺得妳還是可以用其他方式支援。然而，就算我滿足了妳的要求，找莎拉代替了妳，我還是注意到妳在損害公司文化。妳跟團隊說莎拉缺乏人道主義，妳這麼做是在井裡下毒，讓她感到很不舒服。這確實是個問題，我想討論一下對此我們能做些什麼。

與其直接解雇她或對問題視而不見，我首先會向蘇珊清楚表明，我有注意到她的負面行爲，會給她彌補的機會。她如果依然我行我素，我大概就會解雇她。

我會明白她是出於什麼心態，因爲她發自內心討厭客戶。但不幸的是，我並不討厭這個客戶，而這造成了我們之間的分歧。但這一次，我不得不縮減選項。如果她決定不想再留在公司，就必須離開；如果她選擇留下，就至少不能因爲我們做出的決定而汙染公司文化。

情境28的後續問題

「如果一開始被問到為何不願意參與客戶的專案時，蘇珊確實拿出了令人信服的理由呢？」

如果是這樣，我們就相安無事。

在任何互動上，我都會先試著了解對方的意圖。如果我相信蘇珊真的經過深思熟慮，而且用意良好，這方面就不會有任何問題，完全不會。這就是爲什麼，當我覺得某個人的行爲帶有惡意，我會出現強烈反應。

但與此同時，我知道自己缺乏完整的了解。也因此，對執行長和員工來說，當責和「善良的坦率」至關重要。身爲執行長，我有責任創造讓蘇珊覺得安全的環境，願意跟我分享她的眞實感受、想法或不安全感。但身爲員工的蘇珊，也需要拿出責任感；她如果覺得公司做得不對，就必須透過「善良的坦率」溝通。

工作只是人生的一部分。如果你在某個問題上拿不出「善良的坦率」，在其他事情上是不是也一樣會逃避？如果有更多「善良的坦率」，你的婚姻會不會更美滿？你跟孩子、鄰居、朋友，甚至你自己的關係會不會改善？

我最後要說的是：在現實生活中，我曾多次決定不與某個客戶合作，而且是因爲某個員工的反饋意見。

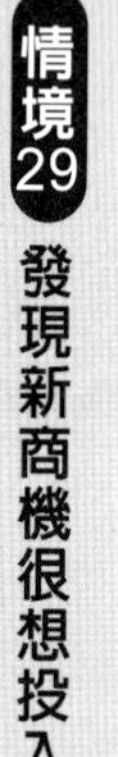

情境29 發現新商機很想投入

你二十三歲，剛唸完四年藝術學校。全國因為新冠肺炎封城，生意難做，你找不到工作。你開始做起Uber和Lyft的載客生意，同時繼續找工作。在某個載客生意清淡的一天，你瀏覽推特，開始注意到人們談論一種稱作NFT的東西。接下來的兩天，你花了五個小時在社群媒體閱讀相關內容，意識到：「哇靠！這很適合我！」你接下來該怎麼做？

「創新」最令我喜歡的一點，是它有時能給過去缺乏機會的人帶來新機會。舉例來說，社群媒體爲網紅創造重要的機會。我建議你讀《紐約時報》暢銷書《衝了！》。我在十二年前談過這個議題。人們現在可以透過教導伸展操而每年賺進十二萬美元，或在網路上當廚師而每年賺九萬美元。

人們沒預料到所謂的「長尾效應」（long tail），或是一個人能憑自己的專業知識賺到多少錢。把你的熱忱轉換成金錢。這個說法再正確不過。

在這個情境，我等於是把《衝了！》再寫一遍。NFT將爲藝術家做的事，就像社群媒體爲名人帶來的幫助。

藝術家通常會考慮在廣告業、好萊塢或其他「創意」領域找工作。事實是，他們在從事這些工作時，需要犧牲自己的創意。他們並沒有在工作上創造自己想創造的東西，就算在范納媒體也一樣。

這個藝術家需要重新定義「年輕時的野心」，需要審視自己在十三歲時的想法——「我總有一天要像英國塗鴉藝術家班克斯（Banksy）那樣有名」——還有在十八歲時夢想自己是米開朗基羅再世，重燃這種雄心壯志。

我會給這位藝術家什麼建議？這是專屬於你的人生時刻。現在是拿出頑強的時候，無論是工作成果還是人際網路上。不要小看謙遜的力量。名人想在社群媒體上成爲網紅時，夢想能賺到幾百萬美元，但大多缺乏謙遜，沒辦法一年賺進八萬八千美元，享受自己成爲社媒網紅的事實。

同樣的事情也會發生在藝術家身上。你願意當個年薪十一萬美元但討厭上班的高級主管，還是願意當個年收入五萬九千美元的藝術家？你再過幾星期就要三十歲了，還和室友住在一起，你是否還願意頑強地爲藝術夢奮鬥？還是你會妥協，找一份討厭的工作，爲某個品牌設計logo？

我知道無數藝術家將受益於NFT。這是選擇權經濟（option economy）：藝術家現在有了新方式來將自己的熱情貨幣化。

在NFT出現之前，如果藝術家每年能賺到二十一萬九千美元，二〇三一年的收入水準將遠高於這個數字。現在廣告公司或百老匯的創意人員，製作自己並不熱中的東西而每年賺進十一萬美元；但憑著NFT，他們在製作深愛的東西時也可能賺到同樣的金額，而就算每年只賺五萬九千美元，心情上還是愉快許多。

科技即將創造我們在人類歷史上從未見過的機會。我爲所有正在閱讀這本書的藝術家感到高興又興奮。

在這裡，頑強是最重要的成分。我不希望任何人半途而廢。如果你是藝術家，發表自己的第一個NFT銷售計畫，花了錢製作代幣，卻一枚也賣不出去，鐵定想寫電子郵件給我（gary@vaynermedia.com），對我破口大罵：「媽的，蓋瑞！你鼓勵我這麼做，但我輸了。」你在這時候應該運用頑強。

親愛的藝術家，我給你的答覆是：

除非你第四十九次的銷售計畫也失敗了，否則不要寫電子郵件給我。想都別想，否則你根本沒弄懂頑強是什麼意思。你想靠藝術爲生，卻只試一次就放棄？所以你告訴我，想一輩子畫素描、彩繪、著色或塗鴉，但你放棄了，就因爲沒人關注你的第一個銷售計畫？聽你在胡說八道。

我希望每個藝術家都有耐心，而且明白如果是從二十九歲開始打拚，可能還有六十或七十年的壽命。在這種脈絡下，什麼是幸福？幸福是指擁有自己的公寓？擁有比較好的衣服？

請不要浪費行動來實現爸媽對你的期望，就因爲你必須在三十歲前達成某種成就。

情境30 在公司坐領高薪，還是辭職創業

你現在四十七歲，過去七年因為做了一些非常聰明的工作而稱霸辦公室，成為一家保險公司的行銷主管。你在五年前得知我這號人物，也因此優化了在LinkedIn上的履歷表。你原本年收入十三萬美元，後來提升到每年二十五萬美元。你甚至開始獲得更多假期，工作和生活之間取得完美平衡。可是每晚就寢時會心想，**如果我自行創業呢？**你知道公司裡有幾個人有意辭職、和你一起工作。和兩個合夥人一起開公司，各持三分之一的股分，這個想法聽起來更有利可圖，也更令人興奮。你該怎麼做？

這種情境的好處是，你有選擇。很多人沒有這種選擇，所以首先該懂得感恩。

我希望更多人在這種情況下感到樂觀。我常感困惑的是，爲什麼很多人在感到蠢蠢欲動時，不去試著實現更大的目標。現實是，你如果辭掉工作，爲自己工作，但在兩年內失敗（這種事常發生），重返職場時會更具吸引力。你擁有的將不僅是令人印象深刻的企業經驗，也擁有創業經驗。幾年後，你的經驗將繼續帶來價值。你如果從感恩、耐心和信念開始，就能運用頑強來追求抱負。

我相信這是怎樣都不會輸的局面。如果你是高薪的高階主管，懂得謙遜而過著低開銷的生活方式，就能存錢爲自己鋪設一條十八到二十四個月長的跑道。你可以憑著信心奮力一躍，滿足內心的蠢蠢欲動，而如果意識到自己不適合當創辦人或執行長，還是能再找一份薪水更高的工作。

四十年後，「沒試著實現夢想」的遺憾，將超越辭職和失敗的痛苦。也許你的生活方式必須比以前更謙卑。也許你原本存款充裕，但現在得揹負少量卡債。不論是什麼，這種痛苦都比不上在八十七歲時一個人坐著，心想，我當初爲什麼不創業？

如果你在閱讀此情境時，感覺體內的化學物質濃度正在上升，該對自己提出以下問題：你在這一刻回顧自己的人生時，是否後悔以前沒邀請某個男孩或女孩出去約會？

我相信對每個人來說，答案都是「是」。現在你已經二十、三十、四十、五十幾歲了，當年爲何害怕莎莉・麥基或泰隆・傑拒絕你？

我就幫你節省時間，直接代替你回答：根本沒什麼好怕的。而你在年老時也會有這種感受。到時候會自問：「我當初爲什麼沒試試看？」

請打電話給你認識的九十歲老人，跟對方談談這種情境。遺憾是最強烈的痛，運用信念、野心和頑強激勵自己，奮力一躍。在這方面，你可能需要多次跟自己對話。我希望這一頁的文字有幫到你。

情境31　一場意外打擊你的事業

你有自己的小公司，透過銀行貸款從零打造生意。你花了將近十年才把這筆貸款還清。你不再債務纏身，生意也終於帶來足夠利潤，能讓你和家人搬進稍微大一點的房子，改善生活。但不久後，一場自然災害襲擊你的城鎮，摧毀了你的辦公大樓。你現在該怎麼做？

我會給自己一些時間哀悼，但不會因爲需要一些時間休息或處理情緒而自責。

然後，我會把感恩當成武器來對抗失望。我會非常慶幸自己還活著、家人很平安。我控制不了大自然，對這場災難無能爲力。事情發生了就是發生了。感恩能減少我在這種情況下耿耿於懷的時間。然後，我會開始用信念和樂觀來轉守爲攻。「既然我曾經從零打造出成功的事業，就能再來一次。我絕對能重建公司，也一定會做到。」

然後我會運用當責，自問：「我現在能做什麼？」你可以用這種責任感來拿回主導權。

在這個案例上，也許我可以創立 YouTube 頻道，記錄東山再起。我可以透過電子郵件，把頻道連結發送給所有新聞媒體。他們如果願意報導，這頻道就可能成爲全國新聞，進而促使生意盛大地重新開幕，或是在 GoFundMe 上向群眾募資，或是得到其他機會。

我會要求自己負起責任，進入「我要重建人生」的模式。

情境32 主管偏愛某些同事

你希望自己不斷成長，扛起一份能承擔更多責任的高階領導職位，但沒有機會參與能施展技能的新案子。大部分的新機會都被團隊裡的其他同事拿去，你懷疑主管偏心。你該怎麼做？

爲了透過「善良的坦率」和主管進行健康又有成果的討論，我需要讓自己先進入正面的心理狀態。首先，運用感恩和樂觀。世上有數百萬人沒有工作，而我有。雖然面臨一些挫折，跟老闆有一些分歧，也不會以爲自己在「整體幸福感」排名上是在全球七十七億人的後段班。數百萬人沒有工作，而我有，這意味著我有機會改善和老闆的關係。

想像一下，如果你一開始就做出相反的反應：

「唉，老闆又在挑他喜歡的員工。」

「他根本沒有看人的眼光。」

「這家公司的領導階層腦袋有洞。」

如果在開始談話前就認定對方想整你，就是在爲不良結果鋪路。你的語氣和能量會表現出情緒，周圍的聰明人會直覺感受到。你騙不了人們的情緒智能。

不過，這並不表示你不該爲自己挺身而出。然而，在跟那些和你有分歧的員工、老闆或團隊成員開會時，太多人會直接「爲正確的事而戰」，不先跟對方好好談談。很多人在處理這類談話時，態度就像放學後相約幹架。

在范納媒體，我曾看到眼中冒火的員工衝進我的辦公室，但他們一讓我明白面臨什麼困難或挑戰後，會驚訝地發現我立刻站在他們這一邊。他們一旦讓我明白發生什麼事，談話就會朝正面的方向發展。他們眼睛裡的怒火會變成愛心。

與此同時，我很納悶他們等了多久才讓我知道所面對的問題。他們忍耐了七天？七個星期？七個月？七年？多少人沒給自己或公司創造能進行美好對談的機會，就直接離職？

人們任由怨恨在心中滋生，夜裡輾轉難眠，或是打電話把怒火發洩在父母身上。這麼做非常不健康。

情境32的後續問題
「如果你坐下來和主管談話，你會說什麼？你會不會要求更多機會？」

我在做出任何請求之前，會先用謙遜和自知來檢視自己。世上已經充滿太多特權感。

曾經有二十二歲的員工氣沖沖地衝進我的辦公室、要求升職，但他缺乏經驗，在公司只工作了半年。有些員工要求在重要專案上承擔更多責任，就算他們最近處理的七個客戶當中有六個拒絕續約。我還是可以分配一、兩個給這些人，但我身爲企業主，會爲此感到擔心。他們拿不出成果，而我還讓他們承擔更多的責任，公司的成長會不會因此放緩？

在此情境下，謙遜和自知就是有效的濾網。你眞正想要的是什麼？拿出來的成果能否證明你有資格做出這種要求？還是你得了妄想症，因爲即將舉行婚禮，以爲公司會把你照顧得妥妥當當？你在腦海裡幻想，以爲自己因爲發生了一些事就有資格要求升職加薪？

我建議你運用謙遜、自知、感恩和樂觀，對主管說出以下的話：

我知道公司有很多新計畫，而且組織裡已經有很多人才。但我只是想對你說一件事：我注意到你把大部分新案子都交給了鮑伯。除非你也給我機會，否則我沒辦法向你展示我的能力有多好。有沒有什麼是我能做的？

情境33 團隊成員誤發郵件

你有自己的公司，正在為客戶構建新產品。在接下來的幾週內就要發表新產品，你也準備透過電子郵件讓所有客戶知道。這次發表是否順利，對公司來說非常重要。不幸的是，基層員工莎莉不小心把電子郵件提前一星期發送出去，但產品還沒準備好。你該怎麼做？

就在莎莉走進辦公室之前，我可能會大罵：「我操！」

這情況實在棘手。我很想說百分之九十九的事情都不重要、商務界大部分的問題都被誇大，但這種情境眞的讓人很頭痛。你不可能有第二次機會給人留下第一印象，而且搞砸產品發表可能對公司極爲不利。

我身爲公司老闆，眞的會非常失望。我會立刻大喊「我操！」，因爲我需要在跟莎莉談話**之前**宣洩心中的失望感。

你在收到這樣的消息後，也許採取的應對方式是長跑或劇烈運動，也許會去捶沙包。你需要先發洩情緒，才不會對員工大發雷霆。

然後，我會運用當責來評估現況。畢竟雇用莎莉的人也是我雇來的。是我爲她犯這種錯鋪了路。既然我就是源頭，又怎能陷入「責備他人」的漩渦？

這時當務之急，不是給團隊下馬威，而是讓莎莉覺得安全。她這時大概心驚膽戰、驚慌失措，心想我一定會被炒魷魚。

你這時候該做出的反應，是盡可能同理。她一走進辦公室，或是我們開始視訊，我會立刻讓她放心，對她說：「一切都會沒事的。」

我能透過這場談話建立安全感。如果你想透過「善良的坦率」檢討，可以等事情平靜下來之後再做。如果在情緒低落時檢討大家，反而可能給團隊帶來有害的影響。

大喊「你們毀了我的一切」只會造成更多恐懼，團隊會感到鬱悶。員工們會提心吊膽、推卸而非承擔責任，因爲恐懼而不敢說出新想法。公司會成長得更慢，這比產品發表失敗嚴重得多。相反的，員工如果覺得安全，就會積極行動，而這會促使公司成長。

建立安全感後，接下來的問題是：「我們要怎樣把這個狀況轉換成正面機會？」

這時就需要感恩心態。我宣洩了情緒，跟團隊進行了對談後，會用更好的觀點看待這次犯的錯，而且發現問題其實沒有想像中那麼嚴重。或許我可以和犯錯的基層員工製作有趣的吵嘴影片，發送給客戶：

我：「這位是莎莉。她不小心按下了『寄出』鍵。我的天啊！我們眞的很抱歉，產品其實還沒準備好。我們會在下週正式推出官方公告，我們也爲各位準備了特別的折扣碼，到時候請輸入『莎莉搞砸了』這五個字。敬請期待！妳說呢，莎莉？」

莎莉：「哈哈。一點也沒錯，老闆！」

老天爺給你酸檸檬，你永遠可以拿來做成酸酸甜甜的檸檬汁。

情境34 合夥人的願景不夠大

妳和丈夫花了三年時間，把「販賣虛擬藝術課程」的副業打造成全職工作並成立公司。你們夫妻倆把內容放在ＩＧ、抖音和LinkedIn上。這門生意迅速成長到年收入三十萬美元。妳和丈夫有互補的技能，也享有成功的對等合夥關係。然而，雖然丈夫對公司所處的位置感到滿意，妳卻想把公司發展到年收入上看七位數，甚至更多。妳該怎麼做？

我看到很多人在婚姻、合作關係和人際關係中掙扎，因為他們覺得夥伴的野心跟自己不符。

在此情境下，妳丈夫現在覺得想稍微享受一下賺到的錢。他可能會說：「其實，我很高興能從三十萬美元營收中賺取十八萬美元的利潤。與其把這筆錢再拿去投資、讓我們賺到一百萬，我想做其他事，像是和孩子一起去迪士尼世界，住不錯的酒店。」

妳身爲他的妻子和事業夥伴，可能覺得這些話不合胃口，尤其如果你們之前就討論過，以後如何把公司的年收入提高到一千萬美元。

然而，如果處於合作關係，同理和謙遜就要比信念重要。如果跟丈夫好好談論兩人在野心上的不同，態度就不能具有侵略性、以自負爲動力。請注意，信念、頑強和野心這樣的成分，在困難情境中很少是該首先採用的反應。這是因爲妳不能立刻運用侵略性來對抗侵略性，而是必須先化解它。

如果能先運用同理和謙遜，就能爲富有成效的對話鋪路，不會把負能量對準別人。套用在此情境，意味著回想丈夫爲生意所做的一切努力，他是如何幫公司每年賺到三十萬美元。雖然你們現在有不同的看法，但如果沒有他，妳也無法走到這一步。

丈夫滿足於現在的收入，這完全沒問題。妳想把年收入提升到一百萬美元，這也完全沒問題。不需要在目標和幸福上妥協，也不需要說服丈夫改變目標。你們可以一起合作，建立雙層結構：

1. 雇人手來處理丈夫的工作。

2. 退後一步，看看丈夫在哪些方面幫助妳。

第一部分很簡單。和丈夫坐下來談，分析他為生意做的一切，然後另外雇人手幫忙，這樣他就能好好休息。

一開始，妳會覺得鬆一口氣，因為找到解決辦法。七個月後，妳把孩子哄上床，熬夜準備藝術課的教材，丈夫則是坐在那裡玩《決勝時刻》遊戲，妳會很想掐住他的脖子。

這時，妳需要後退一步。看看他在生活上如何幫助妳，而不僅是商業環境。他有沒有處理家務？妳忙著線上教學時，他有沒有去足球場接孩子？妳在管理公司時，他有沒有陪孩子做作業？

他就算沒有直接參與公司事務，還是能透過不同方式幫助妳。

情境35 你不想讀書，想工作賺錢

你十五歲，每星期透過交易球員卡賺進大約一千四百美元。你在學校是個全優學生，但成績開始下滑。你對袋棍球也不再感興趣，就算你是校隊的高一新生，原本的目標是進軍常春藤盟校校隊。你因為著迷於球員卡而常常熬夜，寧可把時間拿來交易球員卡，也不想唸書、打袋棍球，或是打《要塞英雄》之類的遊戲。你該怎麼做？

對我來說，這個情境很有意思。

很多孩子因爲類似情況而聯繫我，他們擔心可能搞砸自己的未來。大約在十三到十五歲的某個時候，他們建立某種身分：我是個優秀的袋棍球球員，這就是我的人生道路，或是我是個優秀的學生，就是要這樣在人生上獲勝。

這通常是家庭互動的結果，在某些方面可能健康，但在其他方面可能不健康。有些家長把十五歲孩子當成產品，他們會說「這是我讀哈佛的女兒」，或是

「這是我打袋棍球校隊的兒子」。

取決於父母本身的謀生方式，他們可能在潛意識上給孩子安排不同的未來志向。如果父母是創業家，也許就不介意孩子做球員卡交易。如果父母是學者或主管，就可能對此感到不自在。

我會這樣告訴孩子：

對自己有同理心。有這些感受是很正常的。也許你其實是個創業家，又或許你有創業想法。無論如何，請對爸媽有同理心。他們對你有期待，而你搞砸了他們的期待。你需要有同理心，這樣才能承受他們的批評和任何操弄現況的企圖。

例如，他們可能會告訴你：「我們會每星期付你一千四百美元，你別再碰球員卡了。」你需要運用當責和自知，意識到這會導致你被寵壞。別讓這種事發生。

你在戰壕裡建立的名聲，遠比金錢有價值。把精神集中在耐心和信念上。你需要暫時願意接受自己的成績從A掉到B。

與此同時，你可能只是暫時熱中球員卡，這只會持續一年，你在高二時就不再是這樣。你到時候可能必須更努力，好拉高你在前一年下滑的成績。你需要抱持信念，相信自己只要在高二努力用功，而且不再在乎球員卡，就一定能把平均成績拉到不錯的程度。不要被兩種選擇之間造成的焦慮困住。你不是在成績和球員卡之間二選一，而是做個短期選擇。你遲早能把成績拉回來。

一個例子就是我的體能。這方面，我在二、三十歲時落後每個人，但我和一個私人教練嚴格合作了七年，因此能趕上大部分人，雖然效果可能比不上如果從二十幾歲就開始健身。但我要說的是，人們害怕選擇，但實際上，任何一個決策都只是暫時的，並不是二選一。你可以兩個都去做。

如果你的同齡人取笑你在袋棍球上表現得比以前糟，成績也不如以往，你該運用謙遜、信念、自知和當責來應對。畢竟是你想交易球員卡。是你決定追隨自己的信念，決定暫時放棄其他領域。雖然你因爲熱中於球員卡而可能無法進頂尖大學打袋棍球，而你的朋友都得到了招募機會，但你得認知到，過去的決定並不是浪費時間，這也不是發生在你身上最糟的事。

就算跟高一時相比，你在高三的目標發生了變化，你遲早會明白熱中於球員卡的那一年是多麼寶貴的經驗。你在高三或高四時，可能會氣自己在高一搞砸了成績，但你在二十五歲加入新創公司時，在高一那年學到的交易技能就會脫穎而出。請運用耐心。

用一百年的框架來看待自己的人生，而不是一百天。

接下來輪到你了。拍一支影片，發布在你選定的社媒平臺上，描述你在職涯中遇過的真實挑戰，當時的你如何處理，今天的你會如何處理。你發表影片時，記得打上 #ScenariosGaryVee 的主題標籤。

第三部

練習篇

能在工作生活中正確地組合這些情感成分之前，你需要先單獨發展每一種。以下練習是個起點，能幫助你發展情感能力，改善不足之處。其中一些能幫助你發展本書第一部列出的每個成分，包括「善良的坦率」。

有些練習對你來說很容易，也有一些可能更具挑戰性。

感恩

打開手機的自拍相機，錄製一支影片，說出類似以下內容：

我拍這支影片是爲了告訴你，世上對我來說最重要的五件事。這些是我非常爲之感激的事物。如果你看到我在爲一些小事抱怨，請把這支影片再寄回來給我。

請把這支影片傳給最常跟你交談的五到十五個人。

我想強迫你關心家人的健康和幸福，把其他一切視爲次要。如果能把感恩建立在這個基礎上，就會發現職涯中面臨的挑戰有多麼容易。

自知

在這個練習，我要你回答一些關於自己的問題（請見以下表單），以及你在工作生活中各種不同情境下，通常會如何回應。

接著換你試試看，也準備一份匿名 Google 表單，把這些疑問寄給在工作和生活上跟你最親近的十個人，請他們作答。

透過這種方式，你將了解自己的自知處於什麼程度，以及對自己的看法跟別人對你的看法有什麼差別。

◎你的「自知」表單

如實回答下列問題：

・以下哪些情感成分是你的「二分之一」（也就是弱點）？

□感恩
□自知
□當責
□樂觀
□同理
□善意
□頑強
□好奇
□耐心

□信念
□謙遜
□野心
□善良的坦率

・對於你在上面選擇的每種情感成分，寫下一個例子。是什麼讓你認為這些是你的弱點？

______

______

______

・以下哪些情感成分是你的優勢？

□感恩
□自知

□當責
□樂觀
□同理
□善意
□頑強
□好奇
□耐心
□信念
□謙遜
□野心
□善良的坦率

・對於你在以上選擇的每種成分，寫下一個例子。是什麼讓你認為這些是你的優勢？

．從1到5（4不在選項內），你作為企業CEO成功的可能性有多大？

□ 1（最不成功）

□ 2

□ 3

□ 5（最成功）

．想想你每天做的每一件事，從人際關係到工作。對你來說最自然的三到五件事是什麼？

・上一次有人說你「懶惰」是什麼時候？你在做什麼？

・假設一些專業領域上認識的熟人正在喝雞尾酒，而你的名字出現在談話中。你認為他們會說關於你的三件事是什麼？

・公司有人比你早一步升職。用一到兩句話描述，你知道後會如何反應？

・假設你擁有最多關注者的社交媒體上的一支影片，一則評論說「你很醜」。你會如何回應——無論是針對這個人的外表，還是對自己的回應？

・假設朋友來找你，開始告訴你他們那天學到的一些新東西和令人驚訝的事情。這是你不太了解的話題。在那次談話中你會如何回應，之後你會怎麼做？

・人們在你背後議論你的哪一個弱點，而你知道之後會瞬間石化？

◎試試看

接下來，你可以上「Google 表單」製作一份匿名表單，寄發給身邊的友人：

第一步：前往 Google 表單。

第二步：選擇「+」以「建立新表單」。

第三步：將以上「自知」表單裡的相同問題，複製並填入空白表單裡。你可以稍微改寫以更適合其他人回答。例如：「以下哪些成分是你的『二分之一』（也就是弱點）？」可以更改為「以下哪些成分是『**你的名字**』的『二分之一』（也就是弱點）？」；「對於在以上選擇的每種情感成分，寫下一個例子。是什麼讓你認為這些是『**你的名字**』的弱點？」等等。

第四步：選擇新 Google 表單的「設定」。

第五步：確保「收集電子郵件地址」「傳送表單回覆副本給作答者」和「僅限回覆一次」等選項皆已「關閉」。

第六步：就是這樣！最後，請將表單發送給你在專業和生活領域最親近的人（我建議寄給十個人）。點擊右上角的「預覽」按鈕，以取得可以複製分享的連結。

※附注：如需英文版「自知」表單，請前往garyvee.com/selfawareness瀏覽完整指示（包括線上問卷以及如何準備Google表單）。

當責

想想你上一次犯了錯，卻把責任推卸給別人是什麼時候。

在你擁有最多粉絲的社媒平臺上發布影片或照片，並爲此道歉。到時候打上 #AccountabilityGaryVee 這個主題標籤。我會盡量瀏覽打上這主題標籤的每一篇文章！

樂觀

打開你的手機通訊錄，找出你認爲最樂觀的五個人。傳簡訊給他們，安排十五分鐘的對話。問他們爲什麼這麼樂觀。請他們提供具體案例。

我認爲，如果越常聽到別人談論樂觀，就越能形成對樂觀的脈絡和理解。我在生活中磨練了這方面的技能，是因爲我很常跟那些善於此道的人相處。

※附注：這項練習也能讓你跟很久沒聯繫的人交談，這當然是好事。

同理

打電話給一位親密的家人，以及一個在工作上的好友。問他們：「根據我們這幾年的互動，你能不能舉個例子，描述你曾爲某件事感到沮喪，但我的反應沒有給你帶來價值？我對事件的反應，是否曾讓你的壓力或焦慮情緒變得火上加油？請告訴我。」

你可能會聽到對方描述，有人受傷是因爲你缺乏同理、你的注意力都在自己身上。

善意

請練習如何把一部分的時間和資金分配給善意：

1. 上 GoFundMe.com 網站，捐些錢給令你感動的慈善事業。
2. 貢獻你的時間和技能。我也會對自己做出同樣的挑戰。如果有幸在財務上取得巨大成功，那麼你能輕易地向慈善機構捐贈一千、一萬，甚至十萬美元。這就是爲什麼，我一直覺得我做過的最大善行，是隨機地跟人們進行一小時的會談。我雖然捐出了金錢，但能給予的最大價值是我的時間。

善意是基於接受者的條件，不是你的。

善良的坦率

對我而言，「善良的坦率」其實是這本書裡最難以精通的成分。目前依然是我的不足之處，還不成一個完整的部分。

在這方面的練習，我要你想想該帶著「善良的坦率」跟誰談話。然後我要你想像親自跟那人談話，把內容寫下來，寄去kindcandor@veefriends.com。

頑強

現在就打開 YouTube，輸入「伏地挺身的正確姿勢」，看看別人拍攝的教學影片。接著，連續做伏地挺身，做到動不了爲止，把過程拍下來，發布到你喜歡的社媒平臺上。

我要你連續五十五天做伏地挺身。在第五十五天，另外拍支影片描述你現在能一口氣做幾個伏地挺身，而且記得打上 #GaryVee55Days 這個主題標籤，好讓我找到！

我相信心靈和身體彼此緊密連結，身體鍛鍊能對精神狀態帶來重大影響。

好奇

在你選定的社媒平臺上發布影片，跟粉絲說你正在執行一項「好奇心任務」。請他們提供一篇維基百科文章或 YouTube 影片的連結，內容是他們喜歡但你應該不熟悉的領域。到時候記得打上 #CuriosityGaryVee 這個主題標籤。

之後，我要你分配二十小時閱讀、聆聽或觀看跟你有些親近的人推薦的內容，而那些東西的主題是你以前從沒想過的。我要你投入好奇，就算你覺得學到的東西不算有趣。只要一次微妙的輸入，就可能觸發一些事情，以意想不到的方式為你帶來益處。

耐心

1.使用行事曆工具（例如：Google 日曆），輸入一個叫做「你還有很多時間」的行程。讓它在接下來的十年中，每半年一次早上九點出現在你的行事曆上。

2.在你最喜歡的社媒頻道上，發布關於你的十年、二十年或三十年目標的正面評論。表達你對自己目前在人生旅途上感到多麼興奮。到時候記得打上 **#PatienceGaryVee** 這個主題標籤。

我發表過很多評論，包括我說要在七十幾歲時成立幫派、現年四十六歲的我人生才剛開始。我對自己說的這些故事，描述了以耐心爲中心的美麗故事。在我的想像裡，我並不是八十歲、生病躺在養老院。我想像八十歲的自己上臺發表主題演講，看著觀眾中的年輕人，跟他們一樣充滿好奇。

信念

· 寫下一個隨著時間推移而加倍努力的堅定信念：

· 寫下一個不算堅定的信念：

透過練習，你在關於信念的主題上學到了什麼？拍一支簡短影片，描述你的想法，發布在你選定的社媒平臺上，打上 #ConvictionGaryVee 這個主題標籤。

謙遜

花五分鐘寫下「不擅長」的每一件事。把這張清單貼在冰箱上，掛在房間裡，或貼在鏡子旁邊。我要你每天都看看這張清單。寫下後，拍張照，分享在社群媒體上，打上 #HumilityGaryVee 這個主題標籤。

野心

我對你提出挑戰：錄製一支自拍影片，說說你一生中最大的野心抱負。把影片發布在社群媒體上，打上 #AmbitionGaryVee 這個主題標籤。

在練習時，我想要你爲自己的理想抱負產生責任感。把自己放在脆弱的位置上，允許別人因爲你沒達到抱負而取笑你，這能讓你鍛鍊自己，不會被別人的評斷影響到你的精神狀態。

結語
放下不安，從今天開始做出改變

當你發揮了這十二又二分之一成分的最大潛力後，可能會覺得朝九晚五的工作占據了太多時間。我是說眞的。

隨著你發展出「善良的坦率」、感恩、自知、當責、樂觀、同理、善意、頑強、好奇、耐心、信念、謙遜以及野心，你在工作上會更順利。你會讓同事們覺得更安全、開心又平靜，工作效率也會提高。

如果這些成分能正確地滲透整個組織，團隊成員就不必在只需七分鐘的會議上浪費三十分鐘。他們不會因爲不安全感和政治因素，而覺得有必要再邀請八個人參加會議。需要開會的人再出席，其他人可以專注於個人任務，專案項目也能進展更快。

你如果爲自己的行爲負責，就不會因爲錯誤的商務決策而浪費兩星期時間責怪他人。憑著自知，你能專注在自己的長處，而不是一輩子都在找自己的缺點。運用感恩，就能減少對昔日錯誤的耿耿於懷。如果有同理心、善意和謙遜，就不會因爲缺乏安全感的人試圖拖累你而感到不安。如果樂觀、好奇又有耐心，就能讓追隨者們信賴你，並促使公司成長。憑著「善良的坦率」，你能在成員產生怨恨前提供反饋意見。這些情感成分更能讓你帶著頑強和信念朝抱負邁進。

有趣的是，雖然每週的工作時間花不了四十小時，但你可能晚上八點還在工作，因爲你樂此不疲。強韌的情緒結構能提高事業和生活上的效率。只要適當地組合，往前邁進時就不會被恐懼拖慢每一步。

在撰寫這本書第一部時，雷格哈夫會朗讀我們列出的成分，好評估我對它們的反應，而我的反應總是：「**就是這個**。**這個**成分就是成功的基石。」

這提醒我，列出的每一種元素都是不可或缺，而且相互依存，不能孤軍作戰。在第二部列出的情境，是我試著判斷如何在現實生活中運用。這些組合能帶來成功。你就是大廚。

我在發表過的文章中一再強調「頑強」，因爲它對大多數人來說是最能控制的變數。相較之下，取得同理、謙遜或自知的難度更高。如果這些成分不是天生就有，那麼開發它們就需要大量練習。第三部的練習只是開端。你可能必須剖析自己的童年，甚至可能需要接受心理治療。我從二十多年前就知道自己缺乏坦率，我是在三十五歲左右才開始發展這項能力。這種事需要時間。

對大多數人來說，多花幾小時來實現野心抱負，這麼做更容易也更快速。然而，欠缺平衡的頑強只會帶來反效果，因爲它可能造成疲憊、倦怠甚至睡眠不足。頑強需要結合自知和信念。

你開始在工作場合使用這些情感成分時，也會開始在工作場所以外運用。突然間，你會發現自己不再買不需要的東西，因爲你有了耐心。如果鄰居家的狗跑來你家院子拉屎，你會用「善良的坦率」對這件事開玩笑，結果因此跟鄰居感情變得更好。

想像一下一般人對那個經典美國故事的反應。不快樂的人會因爲鄰居沒拴住狗而大發雷霆，結果害自己更不快樂，鄰居之間的關係變差，每次在後院見面都覺得尷尬。這一切是爲了什麼？就因爲鄰居工作到很晚才回家，忘了給狗拴上繩子？

這整本書最想表達的一句話就是：「你是否缺乏安全感？」我試著在你面前放置一面鏡子，並透過現實情境和練習來向你提問。

如此一來，你就知道我爲什麼總是把最多的同理和善意放在最糟的人身上。他們正在用自己的不良行爲提升不快樂度。那些心靈破碎、缺乏安全感的人，經常把自己的不快樂投射到其他不快樂的人身上，結果彼此發生爭吵。許多公司都發生這種事，而這正是我試圖透過這本書改變的狀況。

我注意到人們有時會把「商業」妖魔化。社會覺得商人是這十二又二分之一種情感成分的反義詞。令我難過的是，很多人認爲商業領導者自負，喜歡利用他人，並拿自己的成功當藉口，苛薄地對待周圍每個人。其實，這就是爲什麼大多數客戶害怕信任商家。如果我能用我的知名度和這一刻來改變一家企業被貼上什麼樣的標籤，就能改變很多事情。

一些讀到這句話的人可能正打算辭職，而這將是他們做過最好的決定。有些人目前正發現自己的不安全感，明天進辦公室時會稍微謙虛一點。有些人將在接下來的七年裡連續升職，因爲他們終於意識到自己一直在抱怨，而從現在開始就會變得更有責任感。

但最好的是，他們會覺得人生變得比較輕鬆。

社會上有不同形式的特權，但最終極的特權是安心感。我希望這本書能幫助你獲得安心感。

本書背後的靈感

我在《我是 GaryVee》出版後停滯了很長一段時間，因爲當時覺得自己的下一本書應該能更爲深思熟慮，內容可能比我寫過的任何東西都更深入。我當時就是有這種感覺。

我當時考慮很多不同主題。如果你一直密切關注我的社媒內容，就會知道我很喜歡從對父母非常滿意的孩子角度來寫一本育兒書。我當時考慮出一本叫做《刺拳刺拳刺拳左勾拳》的書，作爲《刺拳刺拳刺拳右勾拳》（繁中版譯：《一擊奏效的社群行銷術》）的續集。隨著抖音和 Clubhouse 等平臺出現，以及 LinkedIn 和 Snapchat 等平臺的演進，「爲平臺製作脈絡創意」的概念依然是非常重要的話題。

然而，我在南加州大學時遇到麥奇·阿杜特，他是個充滿熱忱和膽量的年輕人，我對他印象很好。我遇過很多熱情洋溢的人向我推銷許多東西，但未必總是感覺很好。他們這麼做大多是爲了自我利益，這當然沒問題，但自我利益不該是唯一的動機。但在麥奇的案例上，我覺得他的動機不只於此。

麥奇有一家名爲「習慣之窩」（Habit Nest）的公司，我推薦你去了解一下，該公司製作的指南能協助人們養成更好的習慣。習慣之窩一開始向我推銷的重點是：我們需要一本《GaryVee》期刊，以更具策略的方式來講解我談論過的抽象概念。爲我的聽眾創建期刊或教科書，這個想法很有意思，對我發布的其他內容來說也是很好的互補。

多年來，我發現自己主要參與兩種不同的項目：

1. 第一種，是很快從想法進入製作階段的項目。一些很大的項目也能很快地從構想進入生產階段，例如我和 K-Swiss 的交易、我的第一本書、#AskGaryVee 節目，或是 Overrated/Underrated 節目。

2. 第二種是我必須花時間推敲的項目。例如，我在爲父親推出 WineText 之前，這個構想已在腦海中存在了許多年。

而這本書就是第二種。習慣之窩和 GaryVee 團隊一起合作幾年，討論這本書的初稿，並做出重要的貢獻。然而，隨著雷格哈夫和我的努力，它演變成一本非常不一樣的書，試著描繪我認爲在下一個世紀的商場上獲勝所需的情緒智能。這本書描述的概念將成爲一場盛大的文化對話。

我想讓大家知道麥奇和習慣之窩爲這個項目做出的貢獻。

謝辭

首先要感謝我最深愛的家人。

再來，我要感謝雷格哈夫・赫蘭，這本書的執筆者、我的合作夥伴，這整個製作過程的大將。如果沒有他，這本書永遠不會是現在的模樣。

我也要感謝麥奇・阿杜特、習慣之窩，以及GaryVee團隊的每一位成員。

最後，我要感謝荷莉絲・海姆巴赫以及整個哈潑柯林斯出版集團，你們在這本書的發行上再次發揮了眞正的合作精神。

附注

1. “Gratitude,” Lexico, Oxford Dictionaries, https://www.lexico.com/en/definition/gratitude.

2. WHO Global Water, Sanitation and Hygiene Annual Report 2019 (Geneva: World Health Organization, 2020), https://www.who.int/publications/i/item/9789240013391.

3. Zoe Roller et al., Closing the Water Access Gap in the United States: A National Action Plan (Oakland, CA: US Water Alliance; Los Angeles, CA: Dig Deep, 2019), http://uswateralliance.org/sites/uswateralliance.org/files/publications/Closing%20 the%20 Water%20Access%20Gap%20in%20the%20United%20States _DIGITAL.pdf.

4. Cindy Holleman, ed., The State of Food Security and Nutrition in the World: Safeguarding against Economic Slowdowns and Downturns (Rome: Food and Agriculture Organization, 2019), https://www.fao.org/3/ca5162en/ca5162en.pdf.

5. Walk Free Foundation, Global Slavery Index 2018, “Highlights” (Perth, Western Australia: Walk Free Foundation, 2018), https://www.globalslaveryindex.org/2018/findings/highlights.

6. “7 Fast Facts about Toilets,” UNICEF, Nov. 19, 2018, https://www .unicef.org/stories/7-fast-facts- about- toilets.

7. Joseph Johnson, “Global Digital Population as of January 2021,” Statista, Hamburg, Apr. 7, 2021, https://www.statista.com/statistics /617136/digital-population-worldwide.

8. “21 Million Americans Still Lack Broadband Connectivity,” Pew Charitable Trusts, Philadelphia, June 2019, https://www.pewtrusts .org/-/media/assets/2019/07/broadbandresearchinitiative_factsheet _v2.pdf.

9. “Global Wage Calculator: Compare Your Salary,” CNN Business, 2017, https://money.cnn.com/interactive/news/economy/davos /global-wage- calculator/ index.html.

10. Thalif Deen, "Women Spend 40 Billion Hours Collecting Water," Global Policy Forum, New York, Aug. 31, 2012, https://archive.globalpolicy.org/component/content/article/218/51875-women-spend-40-billion-hours-collecting-water.html?itemid=id#:~:text=In%20Sub%2DSaharan%20Africa%2C%2071,40%20billion%20hours%20per%20year.

11. Aaron O'Neill, "Life Expectancy (from Birth) in the United States, from 1860 to 2020," Statista, Hamburg, Feb. 3, 2021, https://www.statista.com/statistics/1040079/life-expectancy-united-states-all-time/#:~:text=Life%20expectancy%20in%20the%20United%20States%2C%201860%2D2020&text=Over%20the%20past%20160%20years,to%2078.9%20years%20in%202020.

12. "Complacency." Lexico, Oxford Dictionaries, https://www.lexico.com/en/definition/complacency.

13. "Self-Awareness," Lexico, Oxford Dictionaries, https://www.lexico.com/en/definition/self-awareness.

14. "Accountability," Lexico, Oxford Dictionaries, https://www.lexico.com/en/definition/accountability.

15. "Optimism," Lexico, Oxford Dictionaries, https://www.lexico.com/en/definition/optimism.

16. "Delusion," Lexico, Oxford Dictionaries, https://www.lexico.com/en/definition/delusion.

17. "Pessimism," Lexico, Oxford Dictionaries, https://www.lexico.com/en/definition/pessimism.

18. "Empathy," Lexico, Oxford Dictionaries, https://www.lexico.com/en/definition/empathy.

19. "Kindness," Lexico, Oxford Dictionaries, https://www.lexico.com/en/definition/kindness.

20. "Pushover," Lexico, Oxford Dictionaries, https://www.lexico.com/en/definition/pushover.

21. "Tenacity," Lexico, Oxford Dictionaries, https://www.lexico.com/en/definition/tenacity.

22. "Curiosity," Lexico, Oxford Dictionaries, https://www.lexico.com/en/definition/curiosity.

23. "Patience," Lexico, Oxford Dictionaries, https://www.lexico.com/en/definition/patience.

24. "Conviction," Lexico, Oxford Dictionaries, https://www.lexico.com/en/definition/conviction.

25. "Humility," Lexico, Oxford Dictionaries, https://www.lexico.com/en/definition/self-awareness.

26. "Ambition," Lexico, Oxford Dictionaries, https://www.lexico.com/en/definition/ambition.

www.booklife.com.tw reader@mail.eurasian.com.tw

生涯智庫 201

情商致勝：完勝職場與人生的12.5堂課與實戰演練

Twelve and a Half: Leveraging the Emotional Ingredients Necessary for Business Success

作　　者／蓋瑞・范納洽（Gary Vaynerchuk）
譯　　者／甘鎮隴
發 行 人／簡志忠
出 版 者／方智出版社股份有限公司
地　　址／臺北市南京東路四段50號6樓之1
電　　話／（02）2579-6600・2579-8800・2570-3939
傳　　真／（02）2579-0338・2577-3220・2570-3636
總 編 輯／陳秋月
副總編輯／賴良珠
主　　編／黃淑雲
責任編輯／陳孟君
校　　對／陳孟君・胡靜佳
美術編輯／林韋伶
行銷企畫／陳禹伶・王莉莉
印務統籌／劉鳳剛・高榮祥
監　　印／高榮祥
排　　版／莊寶鈴
經 銷 商／叩應股份有限公司
郵撥帳號／ 18707239
法律顧問／圓神出版事業機構法律顧問　蕭雄淋律師
印　　刷／祥峰印刷廠
2022年3月　初版

定價 360 元　　ISBN 978-986-175-662-2　

打造自我品牌，對每個人都大有好處，就算沒有興趣致富或成名的人也一樣。

——《我是GaryVee》

國家圖書館出版品預行編目資料

情商致勝：完勝職場與人生的12.5堂課與實戰演練 / 蓋瑞．范納洽（Gary Vaynerchuk）作；甘鎮隴譯. -- 初版. -- 臺北市 ：方智出版社股份有限公司, 2022.03

288面；14.8×20.8公分 --（生涯智庫；201）

譯自 : Twelve and a half : leveraging the emotional ingredients necessary for business success.

ISBN 978-986-175-662-2（平裝）

1.CST：職場成功法　2.CST：情緒管理

494.35　　111000263